디저트 로드

PREFACE

사람들은 디저트를 달콤하다고 합니다.

홀로 또는 소중한 사람들과 함께 하는 디저트는

식사 후 입가심을 위한 간식만으로는 설명하기 어렵습니다.

신선하고 부드럽고 아기자기한 것들...

과일인가 했는데 먹기에 아까울 정도로 아름다운 그 무엇이 녹아있고

과자인가 했는데 손이 많이 간 정성이 가득합니다.

끌린다는 것은 이런 것이 아닐까요...

혼자서만 보고 있으니 아깝고 둘이서 음미하니 황홀하고

셋이서 눈을 맞추니 입 속 가득 행복이 녹아내립니다.

눈이 시리도록 투명한 와인을 앞에 두거나,

계절의 끝자락 같은 커피로 아쉬움을 달랠 때,

디저트의 달콤함은 우리를 위로해 줍니다.

정직하게 살아온 사람들의 다정한 향기로움처럼....

가로수길, 강남, 홍대, 이태원, 삼청동에서 피어난 향긋한 디저트를

슬픈하품의 세상에 담아봅니다.

2015년 11월 슬픈하품 이지혜

CONTENTS

[Part 1. 가로수길 디저트]

[Part 2. 강남 디저트]

[Part 3. 홍대 디저트]

홈베이킹 기본 밑준비

⋯ 버터와 달걀은 실온에 미리 꺼내두기

버터와 달걀은 냉장 보관을 하기 때문에 베이킹을 시작하기 1시간 전쯤 미리 꺼내두어 차갑지 않은 상태로 사용하는 것이 좋다. 쿠키나 머핀, 파운드케이크를 만들 때 하는 크림화 과정(버터와 설탕, 달걀을 순서대로 섞음)에서 차가운 재료를 사용하게 되면 잘 섞이지 않고, 차가운 계란은 유지류(버터)와 분리되는 현상이 나타날 수도 있다. 버터는 보통 실온 상태로 사용하라는 경우가 많은데, 실온의 상태란 차갑지 않은 실온에 미리 꺼내두었다가 손가락으로 눌렀을 때 푹 들어가는 정도의 부드러운 상태를 말한다. 특별하게 차갑고 단단한 상태로 사용하라는 말이 없는 경우에는 꼭 미리 꺼내두었다가 부드러운 상태로 사용한다. 그 외에 차갑게 준비하라고 하는 휘핑용 생크림과 같은 재료들은 냉장 보관해 차가운 온도로 사용한다.

⋯ 기본 도구 준비

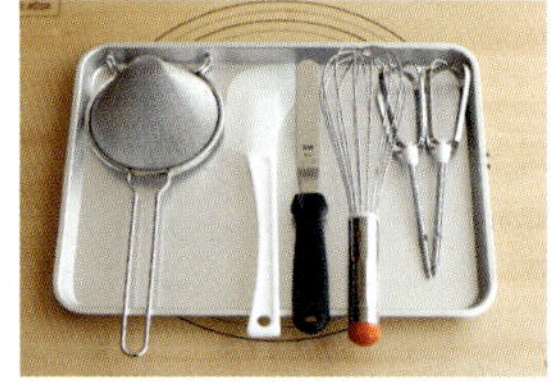

만들고자 하는 베이킹 품목에 따르는 기본적인 도구들을 미리 한쪽에 준비해두면 만드는 과정에서 따로 급하게 찾지 않고 수월하게 바로 사용할 수 있다. 주걱이나 핸드믹서기, 거품기, 믹싱볼 등 기본적으로 사용되는 도구들은 미리 잘 준비해서 사용한다.

⋯ 재료 계량과 가루류 체치기

만들기 전에 가장 중요한 것 중 하나가 재료 계량이다. 재료를 눈대중이나 마음대로 가감해서 베이킹을 하면 제품을 성공적으로 만들 수 없다. 베이킹을 성공시키는 첫 번째 요인이 정확한 재료의 계량인 만큼 저울과 같은 계량측정 도구를 사용해서 정확하게 계량해서 사용한다. 그리고 가루류를 계량할 때에는 따로 넣으라는 과정 설명이 없는 경우에는 한 번에 계량해서 체로 한두 번 정도 쳐서 미리 내린다. 가루류를 체로 내릴 때에는 체를 약간 높게 들어 공기가 가루류 사이에 잘 포집이 될 수 있도록 살살 쳐서 내린다. 함께 계량한 가루류 재료들이 잘 섞이게도 하고 불순물을 걸러주기도 하니 꼭 해야 하는 밑준비 중 하나다.

⋯ 틀 준비하기

만들고자 하는 품목에 따라 원형틀을 사용할지, 사각틀을 사용할지를 정하고 종이호일이나 유산지를 틀에 맞게 잘라 만들기 전에 깔아 준비한다. 이 밑준비 과정을 빼놓고 만들면 반죽을 만든 후 부랴부랴 틀 준비를 해야 하기 때문에 특히 롤케이크나 스펀지케이크 같은 달걀의 거품을 올려 만드는 품목일 경우 시간이 지체되어 거품이 조금 꺼질 수도 있다. 그렇기 때문에 틀 준비를 미리 한 후, 반죽을 바로 채워 바로 오븐에 넣는 편이 좋다. 마들렌이나 피낭시에의 모양틀의 경우는 만들기 전에 버터를 붓으로 틀 안쪽에 골고루 발라 냉장고에 넣어두었다가 사용하고, 오븐팬을 사용하는 경우에는 테프론시트나 실패드 또는 종이호일을 팬크기에 맞게 사용한다.

홈베이킹 기본 용어

···▶ **소금 약간**

소금은 특별하게 g단위로 되어 있지 않고 약간으로 표기하는 경우가 있는데, 소금의 무게가 1g도 되지 않는 아주 소량이기 때문에 약간으로 표기하곤 한다. 대략적으로 약간이라는 소금의 양은 엄지와 검지로 소금을 살짝 집는 소량의 양을 말한다.

···▶ **오븐 예열**

과정설명에서 보면 굽는 온도나 그 보다 약간 높은 온도로 미리 예열을 하라는 것은 반죽을 넣기 전에 오븐을 미리 켜두어 굽는 온도로 맞춰두는 것을 말한다. 오븐을 미리 예열을 하지 않으면 처음 반죽을 넣었을 때 오븐 안 온도가 낮기 때문에 반죽이 꺼져버리거나 반죽이 확 부풀어 오르지 않을 수 있기 때문에 꼭 미리 예열을 해야 한다. 보통 예열은 굽는 온도로 5분~10분 정도 하는 것이 좋다.

···▶ **냉장 휴지**

보통 스콘이나 쿠키 반죽, 타르트나 파이지 같은 것을 만들 때 반죽을 뭉쳐 휴지를 하는 경우가 있다. 휴지는 반죽을 마르지 않도록 비닐에 넣거나 감싸준 뒤 냉장고에 넣어서 짧게는 30분, 길게는 1시간 까지 넉넉하게 하는 편이 좋다. 냉장고에 반죽을 넣어두는 것은 반죽 속 재료들이 잘 어우러지게 하고, 끈적거리는 반죽을 작업성이 좋게 만들기도 하고, 반죽을 구웠을 때 수축되는 현상을 줄이기 위해 냉장 휴지를 하기도 한다.

···▶ **중탕으로 녹이기**

초콜릿이나 버터 같은 재료들을 중탕으로 녹이라는 것은 직화불에 올려 녹이게 되면 재료들이 쉽게 타버리기 때문에 뜨거운 물을 끓여 재료 담은 볼을 담가 중탕으로 녹이라는 말이다. 중탕으로 녹일 때에는 열전도가 빠른 스테인리스 재질 볼에 재료를 넣고 중탕으로 녹이면 좋다.

···▶ **버터 끓이기**

버터를 액상으로 만들어 반죽에 넣을 때 중탕으로 녹이는 방법과 끓이는 방법 두 가지가 있다. 녹이는 것은 단순하게 버터를 녹여서 사용하면 되지만 끓이는 것은 버터를 연한 갈색빛이 날 때까지 끓이는 것으로 버터 속 수분을 날리고, 불순물을 태우는 과정이다. 고소한 헤이즐넛 향이 은은하게 나기 때문에 피낭시에 같은 제품을 만들 때 넣으면 풍미가 더 고소하고 좋아진다. 또한 끓인 버터는 냄비 바닥에 태운 불순물들이 남아 있기 때문에 반죽에 넣기 전에 꼭 한번 고운 체에 걸러야 한다.

홈베이킹 기본 도구

···▶ **가루체**

밀가루나 아몬드가루, 베이킹파우더와 같은 가루류를 체치는 도구다. 베이킹을 하기 전에 가장 중요한 밑준비 중 하나로 밀가루 사이에 공기포집이 잘 되도록 체로 내려야 한다. 특히 베이킹파우더나 베이킹소다와 같은 팽창제를 함께 넣을 때에는 밀가루와 한 번에 계량해 체로 꼭 내려야 모든 재료와 골고루 섞이고 가루 사이에 섞여 있는 덩어리나 불순물을 걸러내기도 한다.

···▶ **거품기와 핸드믹서기**

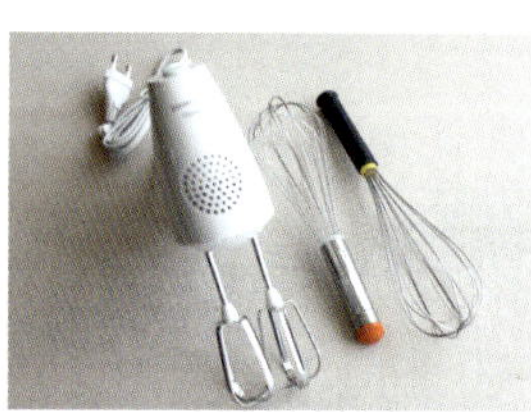

핸드믹서기는 머랭이나 달걀 거품을 한참 올려야할 때 손으로 거품을 올리면 힘들고 시간이 많이 걸리기 때문에 구비해두면 편리한 도구다. 또한 버터와 설탕, 달걀을 섞는 크림화 과정도 좀 더 수월하게 할 수 있도록 도와주는 도구이기도 하다. 거품기도 가끔씩 필요하기 때문에 한두 개 정도는 함께 마련해 두면 편리한 도구다.

···▶ **계량저울**

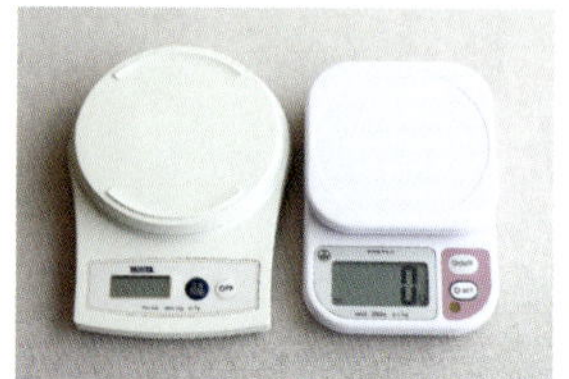

홈베이킹은 과학이다는 말이 과언이 아니듯 정확하게 계량을 해야 실패 없는 홈베이킹을 할 수 있기에 계량저울은 가장 중요한 도구라고 할 수 있다. 가정에서 사용할 때에는 1g 단위로 측정하는 전자저울이 편리하다.

···▶ **계량컵과 계량스푼**

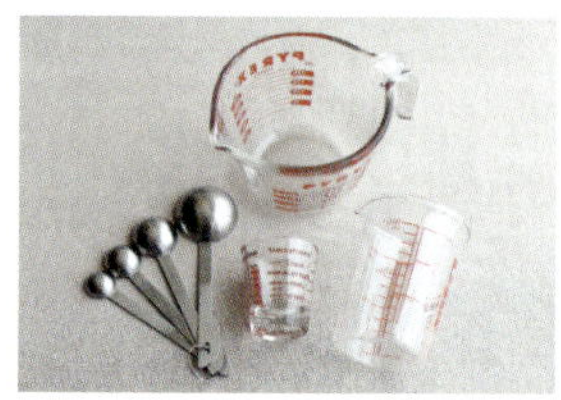

저울이 계량 할 때 가장 중요하고 메인 도구이지만, 작은 재료들을 계량하거나 액상으로 된 재료들을 조금씩 넣을 때에는 계량스푼이나 계량컵이 더 편리할 때가 있다.

···▶ **믹싱볼**

재료들을 섞고, 만들고 할 때 필요한 도구다. 열전도가 좋고 가벼운 스테인리스 재질의 믹싱볼과 내열유리 믹싱볼 두 종류가 있다. 재료를 잘 섞을 수 있도록 넓고 큼직한 믹싱볼은 꼭 필요하며 좀 더 작은 믹싱볼도 함께 구비하면 소량의 재료들을 섞을 때 편리하다.

···▶ 스크래퍼

타르트나 파이지, 스콘과 같은 것을 만들 때 버터와 가루류를
자르며 잘 섞을 수 있도록 사용하는 도구다. 한 쪽이 곡선으로
되어 있는 스크래퍼가 믹싱볼 안에서 재료 섞기에 편리하다.

···▶ 식힘망

오븐에서 쿠키나 케이크를 꺼내 팬이나 틀에서 그대로 식히는
것이 아니라 팬이나 틀에서 분리해서 올려놓고 식힐 수 있는
도구다. 틀에서 그대로 식히면 틀에 남은 열로 인해 수분이 날
아가기도 하고, 습기가 차서 눅눅해지기 때문에 틀에서 분리 후
식힘망 위에서 식히는 것이 좋다.

···▶ 실패드와 테프론시트, 종이호일

오븐팬 위에 깔고 쿠키나 케이크를 구울 수 있는 도구다. 반영
구적으로 사용이 가능한 실패드는 열에 강한 실리콘 재질이기
때문에 세척도 편리하고 오래 사용이 가능하다. 테프론시트 역
시 관리만 잘하면 여러 번 사용이 가능하며 틀이나 팬의 모양
에 따라 잘라서 사용할 수 있어 편리하다. 종이호일은 일회성으
로 사용할 수 있는 시트로 틀에 맞게 잘라 사용하거나 포장할
때 포장지로도 사용할 수 있다.

···▶ 주걱

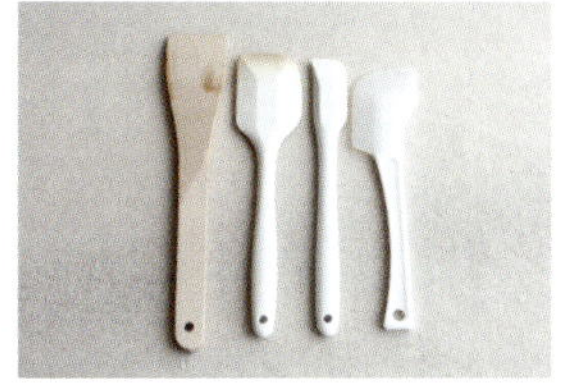

재료들을 섞거나 믹싱볼 주변을 긁거나 할 때에 사용하는 도구
다. 잼이나 커스터드 크림, 캐러멜 크림과 같은 것을 만들 때에
는 일반적인 고무주걱보다는 열에 강한 실리콘 내열주걱이 좋
으니 함께 구비한다.

···▶ 푸드프로세서

푸드프로세서나 분쇄기는 재료를 간편하게 섞거나 갈아주는 도
구로 쿠키나 타르트지를 만들 때 푸드프로세서를 사용해 만들
면 편리하고 간단하게 만들 수 있다.

···▶ 그밖의 도구들

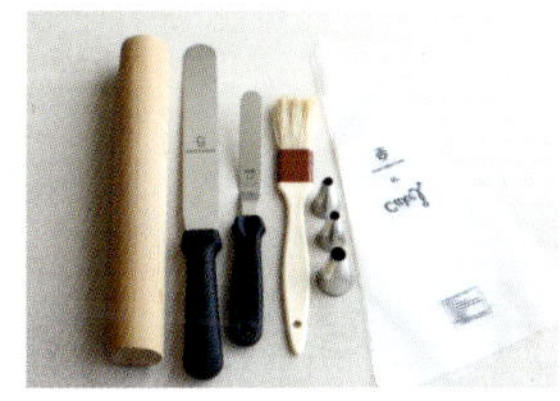

타르트, 파이 반죽이나 쿠키 반죽을 넓고 평평하게 밀어줄 때
사용하는 밀대와 크림이나 케이크의 겉면 아이싱을 할 때 사용
하는 스페튤라, 시럽이나 나파주를 바를 때 사용하는 붓, 크림이
나 반죽을 짤 때 종종 사용하는 비닐 짤주머니와 다양한 깍지들
은 기본적으로 한두 개씩 구비하면 편리한 도구다. 짤주머니의
경우 반영구적으로 사용하는 짤주머니도 있지만, 가정에서 편리
하게 사용하기에는 일회용 비닐 짤주머니가 간편해서 좋다.

홈베이킹 기본 도구와 재료를 구입할수 있는 곳
이홈베이커리 www.ehomebakery.com

홈베이킹 기본 재료

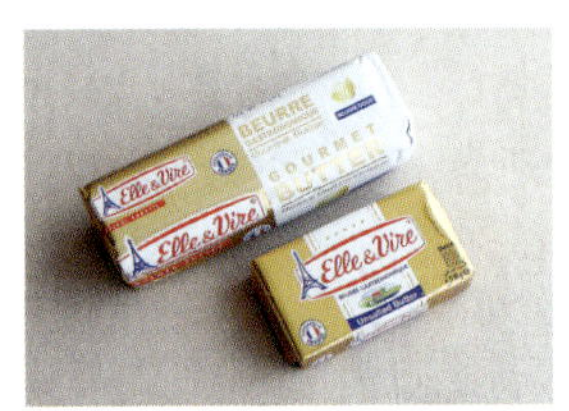

···▶ 버터

홈베이킹에서 기본이 되는 재료이며, 소금 첨가가 되어 있지 않은 무염버터를 기본적으로 모든 레시피에서 사용한다. 풍미가 좋고 고급스러운 우유 버터를 사용하면 제품의 맛도 좋아지기 때문에 저렴한 마가린과 같은 제품보다는 우유 버터를 사용한다.

···▶ 달걀

달걀은 되도록 신선한 달걀을 사용한다. 보통 홈베이킹 레시피에서 달걀 1개는 껍질을 제거한 무게가 52~54g 정도면 베이킹을 무난하게 할 수 있다.

···▶ 밀가루

베이킹을 할 때 없어서는 안 될 재료 중 하나인 밀가루로 보통 글루텐의 함량에 따라 강력분과 중력분, 박력분으로 나눈다. 제과와 같은 디저트류를 만들 때에도 강력분이나 중력분을 쓰기도 하지만 대부분 글루텐 함량이 가장 적은 박력분을 주로 사용한다.

···▶ 설탕류

밀가루와 더불어 베이킹에서 없어서는 안 될 재료다. 제품을 만들 때 크기나 색감 등에도 영향을 주기 때문에 완전히 빼고 만들 수 없는 재료이기도 하다. 색이나 구수한 맛을 위해 비정제 황설탕을 사용하기도 하고, 부드러운 식감을 위해 전분이 첨가되어 있는 고운 가루 설탕인 슈가파우더를 사용하기도 한다. 가끔 단맛을 줄이기 위해 설탕의 분량을 반 이상 줄이고 만드는 경우도 있지만, 그럴 경우 성공적으로 제품이 나오기가 어렵기 때문에 줄이고 싶을 때에는 분량의 10% 정도까지만 줄여서 만든다.

···▶ 팽창제

빵이 아닌 제과류를 만들 때 사용되는 팽창제로는 베이킹파우더와 베이킹소다가 있다. 베이킹파우더나 베이킹소다는 계량을 하고 꼭 가루류와 함께 체에 내려서 반죽에 섞는다. 체에 함께 내리지 않고 팽창제만 따로 반죽 속에 넣으면 골고루 섞이지도 않고 한부분에만 팽창제의 쓴맛이 남을 수 있으니 주의한다.

⋯ 바닐라향

베이킹을 할 때 잡냄새를 제거하거나, 고소하고 고급스러운 바닐라의 향을 내고 싶을 때 넣는 바닐라향은 바닐라빈이 대표적이다. 바닐라빈은 칼로 반으로 갈라 껍질 속 작은 씨앗부분만 살살 긁어 사용하는데, 바닐라빈이 없을 때에는 바닐라빈페이스트나 바닐라익스트렉와 같은 대체 재료들을 사용해도 된다.

⋯ 생크림과 마스카포네치즈

식물성 휘핑크림의 경우 맛이 많이 떨어지기 때문에 되도록 유지방 함량이 높은 동물성 생크림을 사용한다.

마스카포네치즈는 주로 티라미수를 만들 때 사용하는 생치즈로 우유의 맛이 진하다. 롤케이크에 넣거나, 케이크 아이싱 크림을 휘핑할 때 생크림과 함께 섞어 크림을 만들면 농도가 진한 우유의 맛이 나는 크림으로 만들 수 있는 재료이기도 하다. 단, 마스카포네치즈는 한번 개봉하면 유통기한이 짧기 때문에 빨리 소진하는 것이 좋다.

⋯ 견과류와 건과류

베이킹에 기본적으로 주로 사용되는 견과류에는 아몬드나 호두가 있다. 견과류는 실온에 너무 오래 보관하면 기름에 쩔은 냄새가 날 수 있으니 잘 밀봉해 냉동 보관하는 편이 좋다. 사용하기 전에 마른 팬에 살짝 볶거나 오븐에 살짝 구우면 좀 더 고소하다.

건과류는 말린 과일로 크렌베리나 건포도를 주로 사용한다. 건과류가 부드러운 상태라면 그냥 사용해도 되지만, 조금 딱딱한 경우에는 뜨거운 물에 3~5분 정도 살짝 불려 사용하거나 럼주에 미리 담가 사용하면 더 좋다.

⋯ 초콜릿

반죽에 넣거나 템퍼링이 필요한 초콜릿을 만들 때에는 가공되기 전의 제과용 커버쳐 초콜릿으로 사용하는 편이 좋다. 보통은 판모양과 버튼형으로 판매되는데, 가정에서 사용하기에는 다지는 번거로움이 없는 버튼형 커버쳐 초콜릿이 사용하기 편리하다. 초콜릿은 화이트, 밀크, 다크로 크게 나눌 수 있고 다크초콜릿의 경우 카카오 함량에 따라 단맛을 선택해서 사용할 수도 있다.

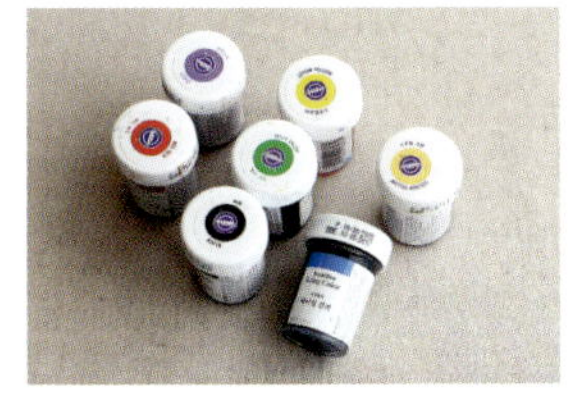

⋯ 식용색소

요즘 유행하는 마카롱이나 컬러풀한 케이크를 만들 때 사용되는 재료로 윌튼 식용색소를 손쉽게 구입해서 사용할 수 있다. 색을 낼 때 특별한 경우가 아니면 1g도 되지 않는 아주 소량으로도 예쁜 색을 만들 수 있다.

홈베이킹 기본틀

···▶ 원형틀

원형틀은 1호는 지름 15cm, 2호는 지름 18cm, 3호는 지름 21cm로 커진다. 주로 홈베이킹에서는 금방 먹을 수 있는 사이즈이거나 선물용으로 간편한 사이즈인 1호나 2호를 많이 사용한다. 대부분 코팅이 되어있어 제품과 분리가 잘되지만, 종이호일이나 유산지를 깔고 사용하면 케이크를 분리할 때 쉽게 제품을 꺼낼 수 있으니 사용하는 편이 좋다.

···▶ 파운드틀

기본적인 파운드케이크를 구울 수 있는 팬이다. 열전도율이 좋은 재질의 틀을 사용하면 파운드케이크가 봉긋하게 부푸는데 도움이 된다. 파운드틀은 기본적은 크기와 모양 외에도 얇고 긴 슬림형 파운드틀이나 작은 사이즈의 파운드틀 등 다양하게 선택해서 사용할 수 있다.

···▶ 머핀틀

머핀틀은 윗지름이 7cm 정도 되는 크기를 기본 머핀틀이라 할 수 있다. 주로 가정에서는 소형 오븐을 많이 쓰기 때문에 6구짜리 머핀틀을 사용하긴 하지만 오븐 크기에 따라 12구짜리 머핀틀을 사용하기도 한다. 머핀틀은 종이호일과 같은 재질에 주름이 있는 머핀유산지를 깔고 반죽을 채워 굽기 때문에 버터칠이나 유산지를 잘라 깔아야하는 번거로움이 없어 편리하다. 취향에 따라 작은 크기의 머핀틀을 구입해 사용하는 것도 좋다.

···▶ 타르트틀

타르트틀은 주름모양의 높이가 낮은 틀로 밑판이 분리가 되는 틀이어야 제품을 만든 후 틀에서 쉽게 꺼낼 수 있다. 다른 제과 제품과 달리 타르트는 틀 모양에 그대로 반죽을 잘 밀착시켜 굽기 때문에 코팅이 잘 된 틀이면 사용하기 편리하다. 선물용으로는 지름 20cm의 틀을 많이 사용하고 작고 귀엽게 구울 때에는 지름 13cm의 틀도 종종 사용한다.

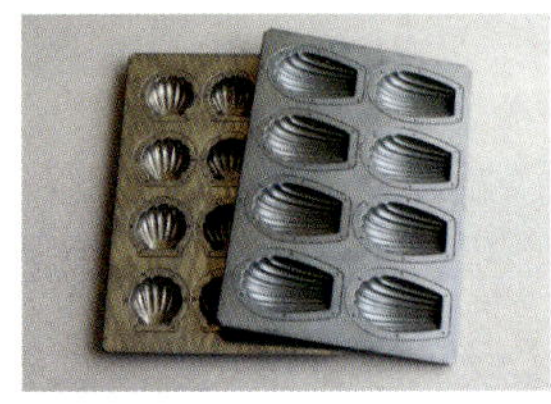

···▶ 마들렌틀

마들렌 윗면에 볼록 튀어나오는 부분을 마들렌의 배꼽이라고 하는데, 배꼽이 잘 올라오도록 만들기 위해서는 반죽의 배합이나 만드는 방법의 영향을 받긴 하지만 열전도율이 좋은 재질의 틀을 사용하면 잘 부풀기도 하고, 겉면의 색도 예쁘게 구울 수 있다. 마들렌의 모양이 예쁘게 나오고 반죽을 패닝할 때 많은 양을 채워 굽지 않기 때문에 6구나 8구짜리의 마들렌틀을 사용할 경우 2~3개 정도 구비하고 있으면 한 번에 반죽을 채울 수 있어 편리하다.

⋯ 구겔호프틀과 모양틀

구겔호프틀이나 다양한 모양틀에는 버터 함량이 많은 파운드케이크류를 자주 굽는데, 크리스마스나 선물용으로 케이크를 만들고 싶을 때 사용하면 아주 효과가 좋은 모양틀이기도 하다. 코팅이 안 된 틀을 사용할 때에는 붓으로 버터칠을 안쪽에 골고루 바르고 냉장고에 넣어두었다가 반죽을 채우기 전에 꺼내어 밀가루를 솔솔 체로 뿌린 뒤 엎어서 몇 번 탕탕 내리쳐 여분의 가루를 털어내는 과정을 한 후 반죽을 채워 구우면 분리가 잘된다.

⋯ 쉬폰틀

쉬폰케이크는 반죽의 특성상 잘 꺼지기 쉬운 케이크이다. 그래서 전용 쉬폰틀이 있어야만 제대로된 케이크를 만들 수 있다. 특히 굽고 나서 식히는 과정에서 거꾸로 세워 식혀야하기 때문에 틀 중심의 봉이 긴 틀이어야 하고, 거꾸로 세워 식히는 동안 틀과 케이크가 쉽게 떨어지지 않도록 코팅이 되지 않은 알루미늄 재질의 틀이어야 한다. 케이크를 틀에서 분리할 때에는 얇고 긴 스페튤라나 칼을 사용해 틀 주변을 살살 긁어 분리한다.

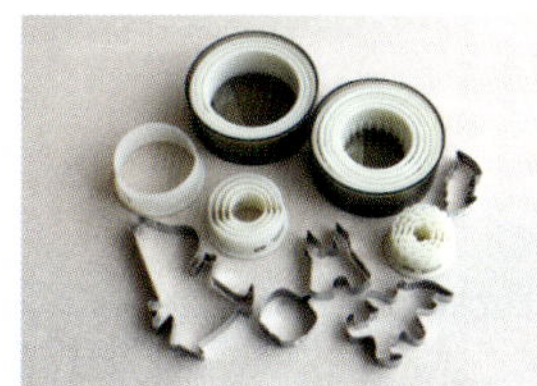

⋯ 쿠키틀

쿠키틀을 구입할 때 기본적으로 많이 사용하는 원형쿠키틀의 경우 사이즈별로 들어있는 것을 구입하면 쿠키를 구울 때나 작은 타르틀레트를 구울 때, 스콘을 만들 때 등등 여러모로 자주 사용할 수 있다. 또 한 취향에 맞는 모양틀을 구입해 예쁘고 귀여운 쿠키를 만들 때 찍어 사용하면 좋다.

⋯ 롤케이크틀

사각모양으로 된 롤케이크 전용틀이다. 한쪽으로 너무 긴 오븐팬보다는 정사각형으로 된 롤케이크 전용틀을 사용하면 크림을 채워 말았을 때 크림에 비해 시트가 너무 길게 남거나 하지 않고, 딱 적당한 모양과 크기로 롤케이크를 만들 수 있다. 그리고 롤케이크를 구울 때 굽히는 윗면보다 아랫면이 촉촉 하고 부드럽게 굽힐 수 있도록 두툼한 재질의 틀이면 더 좋다. 정사각형 모양의 전용틀이 없을 때에는 가정용 오븐에 들어 있는 비슷한 크기의 오븐팬을 사용해도 괜찮다.

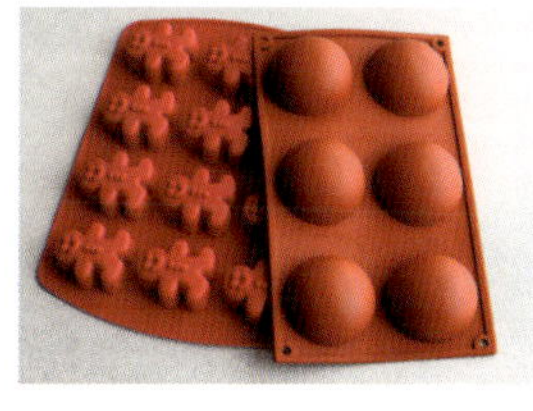

⋯ 실리콘틀

열에 잘 견디는 재질로 만들어진 실리콘틀은 일반적인 철재틀과 달리 정교하고 다양한 모양과 크기가 있다. 오븐에 넣어 굽는 틀로도 사용하지만, 초콜릿을 템퍼링해 굳힌다거나 차가운 무스류의 케이크 반죽을 채워 만들 때에도 사용해 편리하다.

가로수길 디저트

1990년대 그래픽 회사와 화랑이 가득했던
예술의 거리 가로수길,
현재는 '강남의 명동'이라 불리며
강남에서 가장 핫한 곳이다.
멋과 맛을 아는 젊은이의 새로운 명소다.

쿠키 슈크림

슈크림은 커스터드 크림이 들어가기 때문에 하루 정도만 냉장보관하고
더 오래 보관하려면 꼭 냉동 보관해주세요.
커스터드 크림은 세균 번식이 쉬워 냉장고에 오래 보관하면 안됩니다.

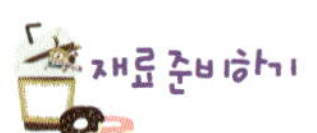
재료 준비하기

분량 : 지름 4.5cm로 만들 때 10개 정도

재료

슈크림 : 우유 250g, 달걀노른자 40g, 설탕 60g, 옥수수전분 20g, 바닐라빈 1/2개, 크림과 섞어줄 생크림 150g과 설탕 10g과 바닐라빈 약간

슈 반죽 : 물 50g, 우유 50g, 버터 40g, 소금 1.5g, 설탕 1.5g, 박력분 50g, 달걀 85g

쿠키 반죽 : 버터 50g, 백설탕 25g, 황설탕 25g, 소금 약간, 박력분 65g, 바닐라빈 약간, 덧가루용 강력분이나 박력분 약간

장식용 : 슈가파우더 약간

도구 : 핸드믹서기, 거품기, 믹싱볼, 체, 내열주걱, 냄비, 바트, 테프론시트 또는 랩, 오븐팬, 비닐 짤주머니, 지름 1cm 원형 깍지, 크림 넣을 작은 구멍용 깍지, 원형쿠키틀

○1 **쿠키 반죽을 만든다.** 볼에 부드러운 버터를 넣어 섞고, 백설탕과 황설탕을 넣어 섞는다. 바닐라빈도 약간만 긁어 넣고 섞는다. 박력분을 체에 내려 넣고 주걱으로 고루 섞는다.

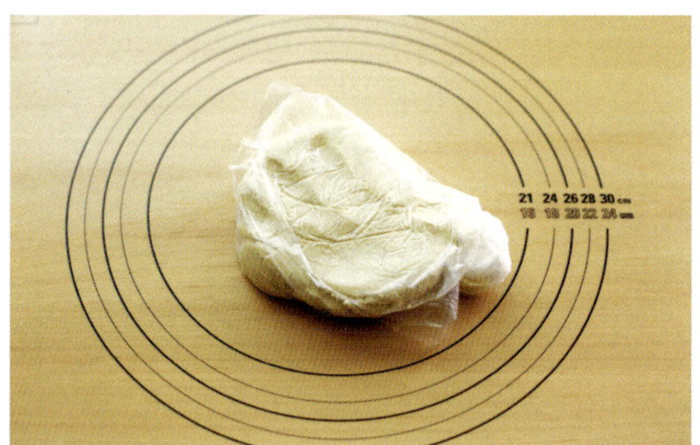

○2 가루가 보이지 않게 섞인 반죽을 비닐에 넣고 평평하게 뭉쳐 냉장고에 1시간 정도 넣어 휴지한다.

○3 휴지한 반죽을 꺼내어 테프론시트나 랩을 깔고 밀대로 민다. 반죽이 약간 질 수 있으니 밀기 전에 바닥에 덧가루를 살짝 뿌리고 반죽 윗면도 밀대에 들러붙을 수 있으니 덧가루를 뿌리면서 작업한다. 1.5~2mm 두께로 반죽을 밀어준 뒤 지름 5cm 원형쿠키틀로 찍고, 굽기 전까지 냉장고에 넣어 둔다.

04 **슈 반죽을 만든다.** 냄비에 우유와 물, 버터, 소금, 설탕을 넣어 중불이나 강불에 올린다. 버터가 녹아 바르르 끓어오를 때까지 확실하게 끓인다. 확실하게 끓이지 않으면 슈 반죽이 잘 부풀지 않을 수 있다.

05 불을 끄고 체에 내린 박력분을 넣는다.

06 내열주걱으로 가루가 보이지 않게 고루 재빨리 섞고, 다시 중불에 올려서 계속 저어주면서 반죽을 볶아 익힌다. 충분히 볶아 반죽이 하나로 뭉쳐지고 냄비 안쪽 바닥에 하얗게 막이 생기면 불에서 내린다.

○7 믹싱볼에 반죽을 옮겨 담고 한 번 저어준 뒤 미리 풀어둔 달걀을 절반 정도 넣어 섞는다. 남은 달걀은 조금씩 나눠 넣어 섞는다. 반죽을 들어 올렸을 때 삼각형 모양이 될 때까지 되기를 조절하면서 섞는다.

○8 지름 1cm 원형깍지를 끼워둔 짤주머니에 슈 반죽을 담는다.

 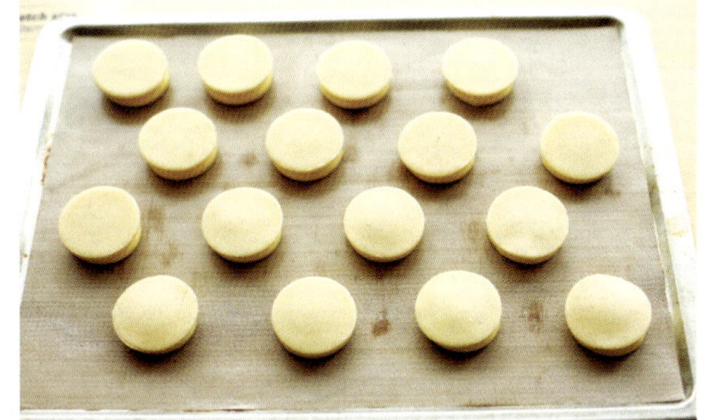

○9 오븐팬 위에 지름 4~4.5cm 정도 크기로 반죽을 약간 도톰하게 짠다. 냉장해 둔 쿠키반죽을 꺼내어 윗면에 올려주고 180℃로 미리 예열된 오븐에 넣어 25~30분 정도 굽는다.

10 우유에 바닐라빈을 긁어 넣고 불에 올려 거품이 끓어오르기 직전까지만 살짝 끓인다. 살짝 끓인 우유를 노른자 반죽에 모두 넣고 재빨리 거품기로 섞는다.

11 슈크림을 만든다. 볼에 달걀노른자를 넣어 풀고, 설탕을 넣어 섞는다. 설탕이 고루 섞여 뽀얗게 된 반죽에 옥수수전분을 넣고 거품기로 고루 섞는다.

12 반죽을 체에 걸러서 냄비에 넣는다.

13 중불에 올려서 바닥에 눌어붙지 않도록 거품기로 계속 저어 섞어주면서 크림을 끓인다. 크림이 매끄럽고 광택이 돌면서 거품이 뽁뽁 올라올 정도로 충분하게 크림을 끓인 뒤 불에서 내린다.

14 바트에 크림을 펼쳐서 담고, 틈이 생기지 않도록 랩을 착 밀착시켜 얼음물이나 냉장고에 넣어 식힌다.

15 크림에 섞어줄 생크림을 휘핑한다. 믹싱볼에 차가운 생크림을 넣고 볼을 얼음물에 담가 차가운 상태를 유지하면서 거품을 올린다. 어느 정도 몽글몽글 거품이 올라오기 시작하면 설탕과 바닐라빈 약간을 긁어 넣고 섞는다. 거품기 자국이 날 정도로 단단하게 생크림을 휘핑한다.

16 식힌 크림을 볼에 넣어 거품기로 푼다. 풀지 않고 생크림을 섞을 경우 덩어리가 생길 수 있다. 매끄럽게 풀어준 크림에 단단하게 휘핑한 생크림을 넣고 주걱으로 고루 섞는다.

17 휘핑한 생크림이 고루 잘 섞이면 쿠키 슈에 넣어줄 크림이 완성된다.

18 작은 구멍의 원형깍지를 끼운 짤주머니에 슈 크림을 넣는다.

19 작은 깍지로 쿠키슈 바닥에 크림을 넣어줄 구멍을 살짝 뚫는다.

20 짤주머니에 담아둔 바닐라 슈 크림을 쿠키슈에 가득 채워 냉장고에 잠깐 넣어두었다가 크림이 차가워지면 꺼내 윗면에 슈가파우더를 솔솔 뿌리면 완성이다.

청포도 타르트

껍질째 먹을 수 있는 청포도를 사용해요. 껍질째 먹는 다른 포도를 올려 장식해도 좋아요.
만들고 나서 바로 먹는 것보다 냉장고에 30분 이상 두었다가 차갑게 먹는 것이 좋아요.

재료 준비하기

분량 : 지름 14cm 타르트틀 2개 또는 지름 21cm 타르트틀 1개

재료 : 청포도 1송이, 나파주(or 살구잼) 약간, 물 약간

    타르트지 : 버터 80g, 슈가파우더 40g, 소금 약간, 달걀 28g, 박력분 130g, 아몬드가루 20g, 바닐라파우더 약간, 달
           걀물 약간, 덧가루용 박력분 약간

    커스터드 크림 : 우유 250g, 노른자 45g, 설탕 60g, 옥수수전분 28g, 바닐라빈 1/4개, 판젤라틴 2g, 생크림 80g

    치즈 크림 : 마스카포네치즈 100g, 생크림 100g, 설탕 12g

도구 : 믹싱볼, 거품기, 체, 냄비, 내열주걱, 스크래퍼, 타르트틀, 포크, 밀대, 비닐팩(or 랩), 누름돌(쌀이나 콩도 가능),
         종이호일(or 유산지), 오븐팬, 칼, 짤주머니, 원형깍지, 붓, 바트, 스페튤라

O1 타르트지를 만든다. 박력분과 아몬드가루, 슈가파우더, 소금약간, 바닐라파우더를 한 번에 체에 내려 볼에 넣고 차가운 버터도 잘라 넣는다. 스크래퍼로 버터를 자르며 섞는다.

O2 어느 정도 버터 알갱이가 잘라지면 손으로 버터와 가루가 잘 섞이도록 으깨고, 보슬보슬하게 살살 부비면서 섞는다.

O3 계란(차가운 계란이 좋아요)을 풀어서 믹싱볼에 넣는다. 스크래퍼를 사용해 자르듯 섞어주면서 반죽을 뭉친다.

○4 작업대로 반죽을 옮기고 손바닥으로 밀어 치대면서 섞는다. 3번 정도 앞쪽방향으로 밀어 치댄다. 스크래퍼로 반죽을 모아 비닐에 넣고 평평하게 눌러준 뒤 냉장고에 1시간 정도 넣어 휴지한다.

○5 휴지한 반죽을 꺼내 2개로 나누고 틀보다 약간 크고 두께가 2mm로 고르게 밀어준다. 사방으로 돌려가며 밀어준 반죽을 꼼꼼하게 틀 안쪽까지 눌러 잘 밀착시킨다. 틀 윗부분으로 튀어나오는 반죽은 밀대로 밀어 자른다.

○6 반죽을 틀 안쪽까지 꼼꼼하게 눌러 밀착시킨다. 포크로 공기구멍을 콕콕 찍고 차가워지도록 냉장고에 잠시 넣는다. 차가워진 반죽틀을 꺼내 유산지나 종이호일을 손으로 부드럽게 비벼서 깔고 누름돌을 채워서 미리 180℃로 예열해 둔 오븐에 넣어 20~25분 정도 굽는다. 구운 타르트 반죽을 재빨리 오븐에서 틀째 꺼내어 누름돌과 유산지를 제거하고, 달걀을 잘 풀어서 붓으로 반죽 안쪽에 고루 바른다.

07 다시 오븐에 넣어 5~8분 정도 타지 않도록 굽는다. 오븐에서 꺼내면 틀째로 식힌 후 틀에서 분리한다.

08 크림에 들어가는 판젤라틴은 얼음물에 담가 불려 둔다.

09 **커스터드 크림을 만든다.** 냄비에 우유와 바닐라빈을 넣고 살짝 끓인다. 믹싱볼에 달걀노른자를 넣어 풀어준 뒤 설탕을 넣어 뽀얗게 될 때까지 섞고 옥수수전분을 넣는다. 바닐라빈을 넣고 살짝 끓인 우유를 노른자 반죽에 넣어 섞는다.

10 체에 걸러 다시 냄비에 넣는다. 중불에 올려 거품기로 계속 저어 섞어주면서 큰 거품이 뽁뽁 올라오는 정도로 충분히 끓인다.

11 불에서 내리고, 불려 둔 판젤라틴을 물에서 건져 물기를 짜서 크림에 넣고 거품기로 고루 섞는다.

12 바트에 크림을 옮겨 담고 평평하게 편다. 랩을 윗면에 잘 밀착되도록 붙여 얼음 위에서 식히거나 냉장고에 넣어 식힌다. 타르트에 올려줄 청포도는 깨끗하게 세척 후 물기를 제거한다(포도알을 반으로 잘라도 되고 그냥 한 알 그대로 올려도 된다).

13 식힌 커스터드 크림을 볼에 넣고 거품기로 매끄럽게 잘 푼다. 생크림은 차가운 상태를 유지하기 위해 얼음물을 받쳐 거품을 올린다. 거품기를 움직인 자국이 날 정도로 약간 뻑뻑하게 거품을 올린다.

14 잘 풀은 커스터드 크림에 휘핑한 생크림을 세 번에 나눠 섞는다. 처음 덜어 넣어 섞을 땐 거품기로 섞고, 남은 생크림은 주걱으로 섞는다.

15 타르트 안을 채우기 위해 원형깍지에 짤주머니를 끼우고 크림을 넣는다. 노릇하게 구워 식힌 타르트 안에 크림을 가득 채운다. 그대로 잠시 냉장고에 넣어 둔다.

16 **치즈 크림을 만든다.** 볼에 마스카포네치즈를 넣고 풀어준 뒤 설탕을 넣어 섞는다. 13번처럼 차갑게 휘핑한 생크림을 두 번 정도 나눠 넣고 주걱으로 섞는다.

17 냉장고에 넣어둔 타르트를 꺼내 치즈 크림을 올리고, 스페튤라를 이용해 산모양으로 다듬는다.
청포도를 가장자리부터 한 줄씩 돌아가면서 올린다. 중심까지 청포도를 올려 장식한다.

18 냄비에 나파주나 살구잼을 물과 1:1로 살짝 끓여 붓으로 청포도 윗면에 얇게 바르면 완성이다.

모카 초콜릿 보틀 케이크

커피시럽을 만들 때 에스프레소 머신이 있다면
에스프레소를 추출해 인스턴트 커피 대신 사용해도 좋아요.

재료 준비하기

분 량 : 보틀 케이크 236ml 유리병 4개, 스펀지케이크 지름 15cm 1개

재 료

초코 스펀지케이크 : 달걀 2개, 노른자 1개, 설탕 60g, 꿀 10g, 박력분 60g, 무가당 코코아가루 10g, 버터 20g,
우유 10g, 바닐라 에센스나 익스트랙트 몇 방울

모카 초콜릿 커스터드 크림 : 우유 130g, 설탕 30g, 노른자 25g, 옥수수전분 10g, 생크림 20g, 다크초콜릿 20g,
인스턴트 커피 2g

커피시럽 : 물 50g, 설탕 25g, 인스턴트 커피 2g

마스카포네치즈 크림 : 차가운 생크림 220g, 마스카포네치즈 200g, 설탕 30g, 바닐라빈 약간

장식용 : 무가당 코코아가루 약간

도 구 : 핸드믹서기(거품기), 믹싱볼, 체, 냄비, 내열주걱, 유리보틀(유리병), 1호사이즈 원형틀, 종이호일(or 유산지),
원형쿠키틀, 비닐 짤주머니, 원형깍지, 붓, 바트, 랩

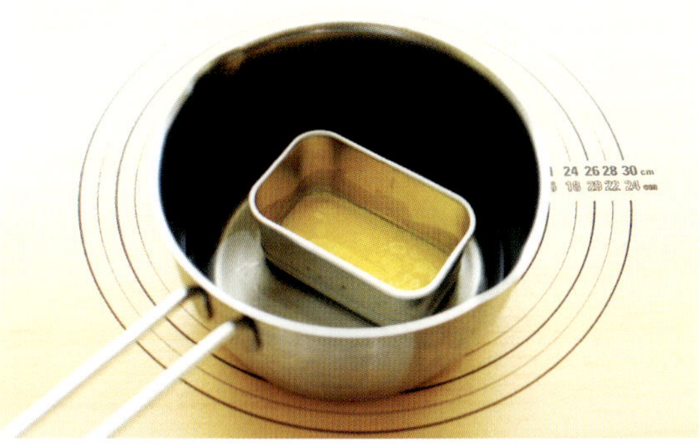 

○1 **스펀지케이크를 만든다.** 반죽에 들어갈 버터와 우유는 한 번에 계량해 중탕으로 녹여둔다. 스펀지케이크를 만들 때에는 달걀반죽이 따뜻해지도록 뜨거운 물에 믹싱볼을 중탕으로 받치고 거품을 올린다. 볼에 달걀과 노른자를 넣어 풀어주고 설탕과 꿀을 넣어 섞는다.

반죽이 리본을 그리며 떨어져야 해요.

○2 핸드믹서기를 고속으로 해 거품을 올린다. 반죽이 약간 따뜻한 느낌이 들면 중탕에서 내린 뒤 계속해서 거품을 올려준다. 고속으로 올리다가 중속에서 저속으로 속도를 줄이면서 거품이 매끈하고 기공이 거의 보이지 않는 반죽으로 만든다. 반죽을 떨어뜨려 봤을 때 리본을 그리며 떨어지는 정도까지 거품이 올라오면 된다.

○3 반죽에 내린 박력분과 코코아가루를 넣고 주걱으로 크게 크게 저어 섞는다. 가루가 보이지 않도록 반죽이 섞이면 녹여둔 버터 용기에 반죽을 한 주걱 정도 덜어 넣고 섞어준 뒤 다시 전체 반죽에 모두 넣고 섞는다.

04 유산지나 종이호일을 깔아둔 1호사이즈 원형틀에 반죽을 채우고 170℃로 미리 예열된 오븐에 20~25 분 정도 굽는다. 구운 스펀지케이크는 틀에서 바로 분리해 식힌다. 어느 정도 식힌 스펀지케이크는 1.5cm 두께로 슬라이스해서 준비한다.

05 슬라이스한 스펀지케이크를 유리용기의 지름크기 정도의 원형쿠키틀로 찍어 자른다. 지름 6cm 원형쿠키틀로 한 병에 2개씩 잘라서 준비한다.

06 **모카 초콜릿 커스터드 크림을 만든다**. 우유를 살짝 끓여주고 볼에 달걀노른자를 넣어 풀어준 뒤 설탕 과 옥수수전분을 넣어 섞는다. 살짝 끓인 우유를 달걀노른자 반죽에 한 번에 넣고 재빨리 거품기로 섞 는다(레시피 분량에는 없지만 우유를 끓일 때 바닐라빈이 있으면 약간 긁어 넣어도 좋아요).

○7 우유를 모두 섞은 반죽을 체에 걸러 냄비에 넣고 중불에 올려서 끓인다.

○8 중불에서 거품기로 계속 섞으면서 크림이 되도록 충분히 끓인다. 거품이 뽁뽁 올라올 정도로 매끈한 크림이 되도록 끓이면 된다. 완성된 커스터드 크림을 바트에 평평하게 펴서 담고, 윗면에 랩을 밀착시켜 얼음 위에서 식히거나 냉장고에 넣어 식힌다.

○9 식힌 커스터드 크림을 볼에 넣어 거품기로 매끄럽게 고루 풀어준 뒤 생크림과 다크초콜릿, 인스턴트 커피를 한 번에 중탕으로 녹여서 크림에 넣어 섞으면 모카 초콜릿 커스터드 크림이 완성된다.

 마스카포네치즈 크림을 만든다. 볼에 마스카
포네치즈를 넣고 풀어준 뒤 설탕과 바닐라빈
을 섞고 생크림을 약간만 흘려 넣어 고루 섞
는다. 남은 생크림을 모두 넣고 믹싱볼을 얼
음물에 담가 단단해지도록 거품을 올린다.

11 치즈 크림과 모카 초콜릿 커스터드 크림을 원형깍지를 끼운 비닐 짤주머니에 넣는다. 커피시럽의 모든
재료를 냄비에 한번에 넣고 살짝만 끓여서 섞은 뒤 식혀서 사용한다. 잘라둔 스펀지케이크를 유리병에
깔고 커피시럽을 고루 바른다.

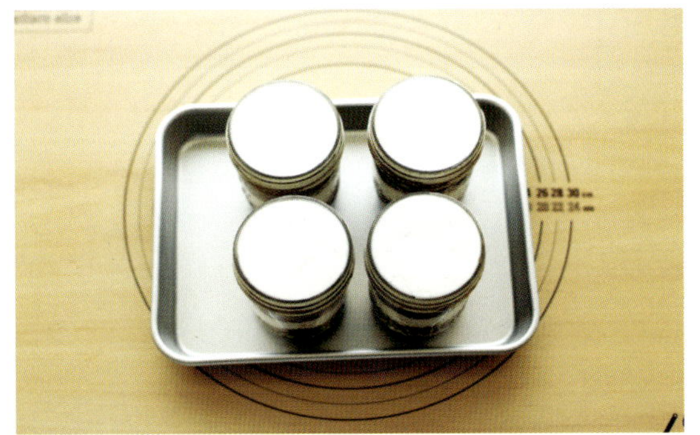

12 짤주머니에 담아둔 모카 초콜릿 커스터드 크림을 시럽 바른 시트 위에 얇게 짜주고 그 위에 치즈 크림
을 넉넉하게 짠다. 다시 잘라둔 시트를 깔고 시럽을 바른 후 커스터드 크림과 치즈 크림을 채운다.

13 윗면을 스페튤라로 평평하게 긁어 마무리 하고, 케이크가 차가워지도록 냉장고에 30분 정도 넣어둔다.
먹기 전이나 포장하기 전에 케이크 윗면에 무가당 코코아가루를 체로 솔솔 뿌려 마무리한다.

쇼콜라 브쉬 드 노엘

반달 무스틀에 비스퀴를 깔아줄 때
안쪽에 종이호일이나 테프론시트를 깔고 비스퀴를 깔아주세요.
그럼 냉장고에 넣었다가 케이크를 분리할 때 손쉽게 꺼낼 수 있어요.

재료 준비하기

분량 : 무스 케이크 반달모양틀(지름 8cm×길이 21cm) 또는 시트팬(28cm×32cm)

재료

초코 비스퀴 : 달걀노른자 3개, 노른자용 설탕 25g, 달걀흰자 3개, 흰자용 설탕 60g, 박력분 78g,
무가당 코코아가루 12g, 슈가파우더 약간, 카카오닙(그뤼에드 카카오) 약간

초콜릿 무스 : 생크림 100g, 바닐라빈 약간, 노른자 25g, 설탕 12g, 밀크초콜릿 100g, 다크초콜릿 50g,
차가운 생크림(휘핑용) 200g, 판젤라틴 2g

도구 : 믹싱볼, 핸드믹서기, 거품기, 체, 냄비, 내열주걱, 원형깍지(지름 8~10mm), 짤주머니, 반달 무스틀, 종이호일,
오븐팬

○1 **쇼콜라 비스퀴를 만든다.** 볼에 달걀노른자와 설탕을 넣고, 풍성하고 뽀얗게 되도록 고루 섞는다.

○2 다른 볼에 흰자로 머랭을 만든다. 흰자를 풀어 약간 거품을 올려준 뒤 설탕을 세 번 정도 나눠 넣으면서 거품을 올린다.

○3 뽀얗게 섞어둔 노른자 반죽에 머랭을 세 번에 나눠 넣으면서 주걱으로 고루 섞는다. 박력분과 코코아 가루를 두 번 정도 체에 내려 반죽에 모두 넣고 주걱으로 재빨리 크게 크게 저어 섞는다.

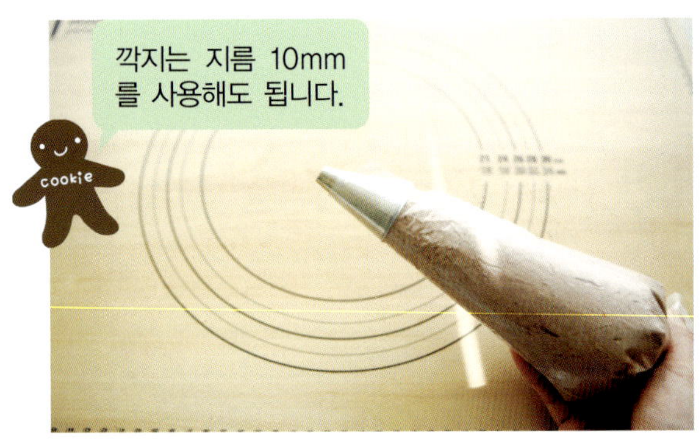

04 지름 8mm 정도의 원형깍지를 끼운 짤주머니에 반죽을 넣는다. 오븐팬에 종이호일을 깐다. 무스틀을 감싸고 덮을 정도의 크기로 반죽을 짜주고 카카오닙을 윗면에 조금씩 뿌린다. 다른 오븐팬에 장식용으로 사용할 반죽을 동글동글한 모양으로 동전만 하게 몇 개 짠다. 윗면에 슈가파우더를 체로 두 번 정도 골고루 뿌려준 뒤 180℃로 미리 예열된 오븐에 10~13분 정도 굽는다.

05 구운 비스퀴를 한김 식히는 동안 크림을 만든다. 크림에 들어가는 판젤라틴은 얼음물에 담가 5분 이상 충분히 불린다. 초콜릿은 중탕으로 따로 녹여 둔다.

06 커스터드 소스(앙글레즈)를 만든다. 냄비에 생크림 100g과 바닐라빈을 약간 넣어 중불에 올려 살짝만 끓이고, 믹싱볼에 달걀노른자를 풀고 설탕을 넣어 뽀얗게 섞는다. 살짝 끓인 생크림을 노른자 반죽에 모두 넣고 재빨리 고루 섞는다. 다시 냄비로 반죽을 옮겨 담고 약불이나 중불에서 천천히 저어주면서 끓인다.

07 내열주걱으로 천천히 8자로 저어가면서 약간 걸쭉해지도록 83~84℃ 정도의 온도가 될 때까지 끓인다. 온도계가 없을 경우에는 주걱으로 반죽을 떠서 긁어 봤을 때 긁은 자국이 선명하게 유지되는 정도가 되도록 끓여주면 된다. 불을 끄고 판젤라틴을 넣고 섞는다.

08 커스터드 소스 반죽을 체에 한 번 걸러 볼에 넣고 녹여둔 초콜릿을 모두 넣어 섞는다. 초콜릿과 매끄럽게 잘 섞인 반죽은 따뜻함이 없어지도록 차가운 물이나 얼음물에 담가 식힌다.

09 생크림을 휘핑한다. 차가운 생크림을 담은 볼을 얼음물에 담가 차가운 상태를 유지하면서 거품기나 핸드믹서기로 휘핑한다. 거품기가 돌아가는 자국이 살짝 나기 시작하는 정도까지만 휘핑한다.

10 식힌 초콜릿 반죽에 휘핑한 크림을 세 번 정도 나눠 넣고 주걱으로 고루 섞는다.

11 반달 무스틀에 감싸지도록 식힌 비스퀴를 자른다. 덮어주는 비스퀴도 틀 모양에 맞게 자른다. 무스틀에 종이호일을 깐다. 자른 비스퀴를 깔고 초콜릿 무스를 가득 채운다.

12 무스 위에 비스퀴를 맞게 잘라서 덮는다. 지그시 눌러준 뒤 냉장고에 30분 이상 넣어두었다가 꺼내어 틀에서 케이크를 분리하여 뒤집어 세워주고, 동전만 하게 짜준 비스퀴에 남은 무스를 발라 윗면에 붙여주고 슈가파우더를 살짝 뿌려 장식하면 완성이다.

블루베리 레어치즈 타르트

판젤라틴을 1g 정도 불린 다음 녹여서 치즈 크림을 만들 때
함께 넣으면 치즈 크림을 고정시킬 수 있어요.
오래 이동하는 경우나 더운 여름철에는 넣고 만드는 편이 좋답니다.

재료 준비하기

분량 : 지름 10cm×높이 3cm 또는 지름 13cm×높이 2cm 타르트틀 2개 분량

재료 : 블루베리잼 적당히, 덧가루용 박력분이나 약간, 생블루베리 타르트 1개당 약 70g

　　타르트지 : 박력분 90g, 버터 45g, 소금 1~1.5g, 슈가파우더 10g, 바닐라파우더 약간, 달걀 20g, 달걀물 약간

　　치즈 크림 : 크림치즈 120g, 설탕 15g, 오렌지나 체리 리큐르 약 2~3g(생략 가능), 생크림 130g, 레몬즙 2ts

도구 : 믹싱볼, 거품기, 체, 냄비, 내열주걱, 스크래퍼, 원형타르트틀, 포크, 밀대, 비닐팩, 누름돌(쌀이나 콩도 가능),
　　종이호일이나 유산지, 오븐팬

○1 **타르트지를 만든다.** 박력분과 슈가파우더, 소금, 바닐라파우더를 한 번에 체에 내려 볼에 넣고 차가운 버터도 잘라 넣는다. 스크래퍼로 버터를 잘라주면서 가루와 잘 섞고, 어느 정도 버터가 잘라지면 가루와 잘 섞이도록 손으로 으깨면서 보슬보슬하게 살살 부비며 섞는다.

○2 계란을 풀어서 넣어주고, 스크래퍼를 사용해 자르듯 섞어주면서 반죽을 뭉친다.

○3 작업대로 반죽을 옮기고 손바닥으로 밀어 치대면서 섞는다. 세 번 정도 앞쪽방향으로 밀어 치댄다. 스크래퍼로 반죽을 모아 비닐에 넣고 평평하게 눌러준 뒤 냉장고에 1시간 정도 넣어 휴지한다.

04 휴지한 반죽을 꺼내 2개로 나누고 틀보다 약간 크고, 두께는 2mm가 되도록 고르게 민다. 밀어준 반죽을 꼼꼼하게 틀 안 쪽까지 눌러 잘 밀착시킨다.

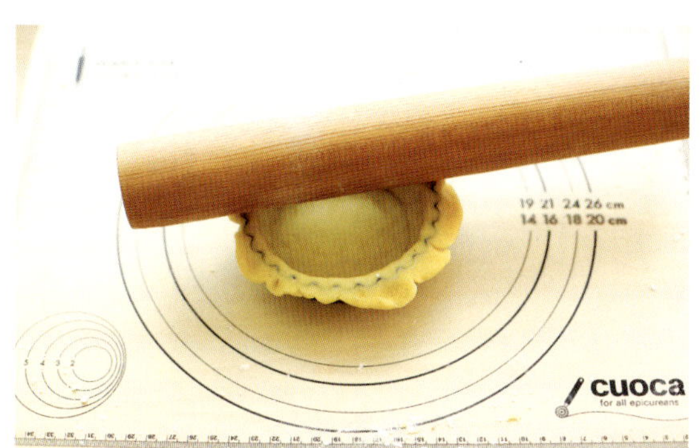

05 틀 윗부분으로 튀어나오는 반죽은 밀대로 밀어 자른다. 틀 안쪽 반죽을 꼼꼼하게 눌러 밀착시키고, 포크로 공기구멍을 콕콕 몇 번씩 찍는다.

06 차가워진 반죽틀을 꺼내 유산지나 종이호일 을 손으로 부드럽게 비벼서 깔고 누름돌을 채워서 미리 180℃로 예열해 둔 오븐에 넣 어 20~25분 정도 굽는다.

07 구운 타르트 반죽을 재빨리 오븐에서 틀째 꺼내어 누름돌과 유산지를 제거하고, 달걀을 잘 풀어서 붓으로 반죽 안쪽에 고루 바른다. 다시 오븐에 넣어 5~8분 정도 타지 않도록 굽는다. 안쪽까지 노릇하게 구워졌으면 꺼낸다. 타르트틀에서 바로 꺼내면 부서질 수 있으니 틀째로 그대로 식힌 후 분리한다.

08 식히는 동안 치즈 크림을 만든다. 크림치즈는 실온에 미리 꺼내두었다가 사용한다. 볼에 부드러운 크림치즈를 넣고 풀어준 뒤 설탕을 넣고 고루 섞는다. 볼 아래 얼음물을 받치고 생크림을 넣고 섞는다.

09 레몬즙을 조금씩 흘려 넣어주면서 핸드믹서기로 휘핑하듯이 섞는다. 크림이 뻑뻑해지도록 고루 휘핑해 섞는다.

10 식힌 타르트지 안쪽에 블루베리잼을 듬뿍 얹고 고루 편다. 뻑뻑하게 올린 치즈 크림을 타르트지 안에 가득 채운다. 그대로 냉장고에 30분 정도 넣어 차갑게 만든다.

11 차갑게 보관한 치즈타르트를 꺼내 생블루베리를 얹어주면 완성이다.

크리스마스 트리쿠키

트리쿠키는 색이 진하게 나지 않게 굽는 것이 포인트입니다.
말차와 코코아 본연의 색이 잘 유지되도록 확인하면서 쿠키를 구워주세요.
그리고 반죽을 채워 짜는 짤주머니를 비닐로 사용할 경우 터질 수 있으니 얇으면 두 장을 겹쳐서 사용하세요.

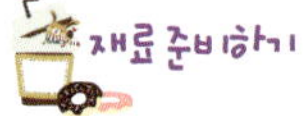
재료 준비하기

분 량 ː 말차 반죽 기준 위아래 길이 대략 9~10cm 10개 정도
재 료

    말차쿠키 ː 부드러운 버터 100g, 슈가파우더 60g, 달걀흰자 20g, 박력분 120g, 말차가루 6g

    초코쿠키 ː 부드러운 버터 100g, 슈가파우더 60g, 달걀흰자 20g, 박력분 120g, 무가당 코코아가루 9g

    장식용 ː 설탕구슬 아라잔(또는 아이보리 설탕구슬) 적당히, 크랜베리나 오렌지필 조각 적당히

도 구 ː 믹싱볼, 핸드믹서기, 주걱, 별깍지, 짤주머니, 오븐팬

46

○1 실온에 두어 부드러워진 버터를 볼에 넣고 한 번 풀어준 뒤 슈가파우더를 넣고 고루 섞는다.
버터색이 뽀얗게 될 정도로 고루 섞이면 달걀흰자를 넣어 고루 섞는다.

○2 박력분과 말차가루를 체에 내려 넣고 주걱으로 고루 섞는다. 가루가 보이지 않게 고루 섞이면 별깍지를
끼운 짤주머니에 말차 반죽을 넣는다.

 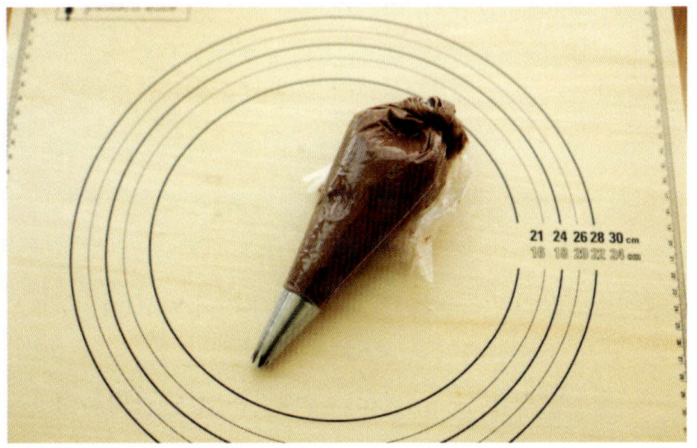

○3 트리의 나무 부분이 되는 초코 반죽을 만든다. 과정은 말차 반죽 과정과 같고, 코코아가루와 박력분을
체에 내려서 넣고 섞는다. 초코 반죽도 별깍지를 끼운 짤주머니에 넣는다.

○4 우선 오븐팬 위에 말차 반죽을 삼각형의 트리 모양으로 지그재그를 그리며 짠다. 리스 모양으로도 짜주면 다양하게 만들 수 있다. 초코 반죽으로 트리의 기둥부분을 조금씩 짠다. 반죽이 남으면 리스 모양이나 말발굽 모양의 키펠쿠키 모양이나 다른 버터링쿠키 모양으로 다양하게 짠다. 짜준 반죽 윗면에 장식용 설탕구슬을 올려붙이거나, 아라잔이나 스프링클, 컬러슈가 등을 사용해서 윗면을 장식한다. 크랜베리나 오렌지필, 견과류 등을 올려 장식해도 좋다. 장식용 재료들을 지그시 눌러 붙여준 뒤 170℃로 미리 예열된 오븐에 15분 정도 구워주면 완성이다.

갈레트 브루통 쿠키를 약간 더 짭짤한 쿠키로 만들고 싶을 때에는
반죽을 오븐에 넣기 전에 플뢰르 드 셀을 약간씩 반죽 윗면에 뿌려주고
구우면 짭짤하고 고소한 갈레트 브루통 쿠키로 만들 수 있어요.
소금은 되도록 프랑스산 플뢰르 드 셀을 사용하고, 없을 경우 꽃소금을 사용하세요.
절대 맛소금은 사용하면 안돼요.

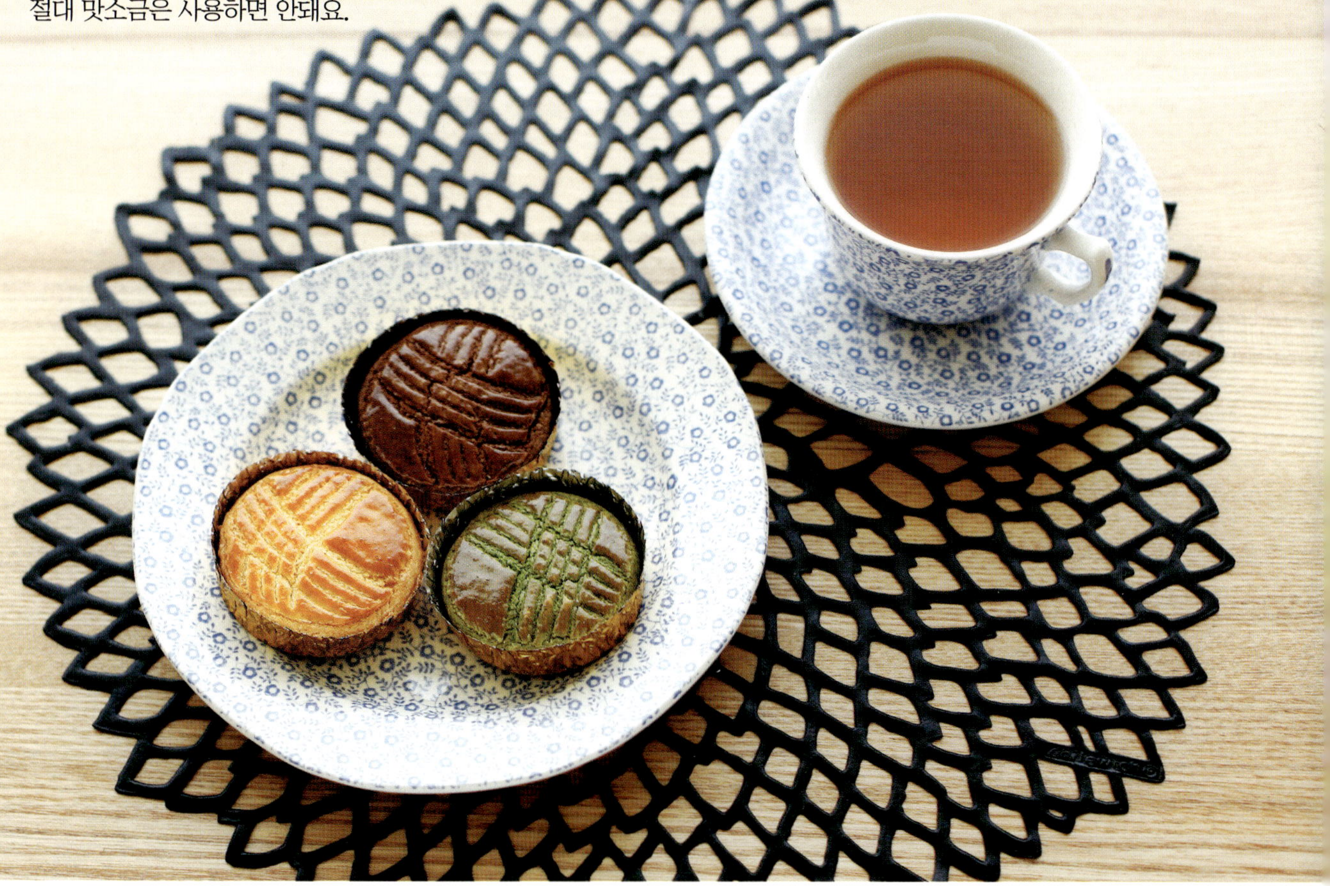

재료 준비하기

분 량 : 지름 6cm 갈레트컵 10개 또는 세 가지로 반죽 만들면 총 30개

재 료

기본 반죽 : 버터 100g, 슈가파우더 60g, 천일염(플뢰르 드 셀) 1g, 달걀노른자 20g, 바닐라빈(또는 바닐라가루)
약간, 다크 럼 5g, 박력분 100g, 아몬드가루 20g, 베이킹파우더 1g, 덧가루용 박력분 약간,
달걀노른자 약간

초코 반죽 : 모든 재료는 같고 박력분 분량에서 박력분 90g, 무가당코코아가루 10g

녹차(말차) 반죽 : 모든 재료는 같고 박력분 분량에서 박력분 92g, 말차가루(녹차가루) 8g

도 구 : 믹싱볼, 거품기나 핸드믹서기, 주걱, 테프론시트 또는 종이호일, 밀대, 은박 또는 금박 갈레트컵, 원형쿠키틀,
붓, 포크, 오븐팬

○1 먼저 기본 갈레트 브루통 쿠키를 만든다. 부드러운 실온 버터를 볼에 넣어 풀어준 뒤 슈가파우더와 소금을 넣고 거품기나 핸드믹서기로 섞는다. 버터 색이 뽀얗게 되면 달걀노른자를 넣어 섞는다.

○2 고루 섞이면 바닐라빈이나 바닐라가루, 다크 럼을 넣고 섞는다. 박력분과 베이킹파우더, 아몬드가루를 한 번에 체에 내려 넣고 주걱으로 고루 섞는다.

○3 가루가 보이지 않게 반죽이 섞이면 테프론 시트지나 랩 또는 종이호일 등에 반죽을 옮기고 살짝 평평하게 펴서 모양을 만든다. 반죽이 약간 질기 때문에 반죽을 만질 땐 덧가루를 손에 살짝 바르거나 반죽에 살짝 뿌려주면 좀 수월하게 작업할 수 있다.

○4 반죽을 평평하게 만들 때는 테프론시트지를 절반 접어 덮고 살살 누른다. 그대로 냉장고에 30분에서 1시간 정도 넣어 휴지한다. 반죽이 질척해서 바로 밀대로 밀기 힘들기 때문에 반드시 휴지과정이 필요하다.

○5 **코코아 반죽을 만든다.** 가루를 넣을 때 박력분, 무가당코코아가루, 베이킹파우더, 아몬드가루를 한번에 체에 내려서 넣고 주걱으로 섞는다. 테프론시트나 종이호일에 반죽을 올리고 덮어 평평하게 만들고, 그대로 냉장고에 휴지한다.

5번과 6번 과정은 기본 반죽과 같은 과정이예요.

○6 **말차 반죽을 만든다.** 가루를 넣을 때 말차가루와 박력분, 아몬드가루를 한 번에 체에 내려서 넣고 섞는다. 반죽을 테프론시트에 올려서 덮고 평평하게 만들어 냉장고에 넣어 휴지한다.

07 충분한 휴지를 거치면 반죽이 단단해져서 비닐에 넣어 밀봉하기 수월하다. 휴지 후 바로 밀어서 굽거나 아니면 냉동고에 넣어두었다가 선물하는 날 바로 구워도 된다.

 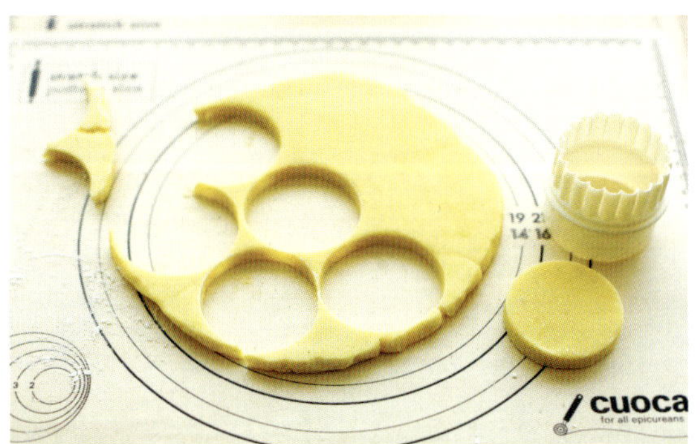

08 휴지한 반죽을 꺼내서 작업대와 반죽 윗면에 덧가루를 살짝 뿌리고 밀대로 1cm 정도 두께로 고르게 반죽을 돌려가면서 민다. 반죽을 원형쿠키틀로 찍는다. 갈레트컵이 지름 6cm이기 때문에 약간 작은 지름 5.5cm 정도 원형쿠키틀로 찍는다. 갈레트컵이 없으면 원하는 크기로 모양 찍어서 오븐팬에 바로 올리고 구워도 괜찮다.

09 초코 반죽도 일정하게 1cm 두께로 밀고 모양을 찍어서 갈레트컵에 넣는다. 말차 반죽도 일정하게 1cm 두께로 밀고 모양을 찍어서 갈레트컵에 넣는다.

10 갈레트컵에 반죽을 넣고 오븐팬 위에 올린다. 달걀노른자를 풀어서 붓으로 반죽 윗면에 고루 바른다.

11 그리고 포크로 윗면에 원하는 모양으로 긁는다. 160℃로 미리 예열된 오븐에 넣어 25~30분 정도 구워주면 완성이다.

무지개 케이크

구운 시트를 슬라이스해서 바로 사용해도 좋고, 작게 잘라 미니케이크로 만들어도 좋아요.
시트 재료를 2가지로 나눠 만들었지만 틀이 3개가 있는 경우 3개로 나눠 3가지 색상을 섞어 만들어도 괜찮아요.
대신 슬라이스 하는 양은 더 적어집니다.

재료준비하기

분 량 : 완성되는 케이크 기준 15cm 1호 원형사이즈로 2~3개

재 료

　시트 2가지 색상 : 달걀 3개, 설탕 85g, 꿀 15g, 버터 15g, 우유 20g, 박력분 90g, 식용색소 2가지 (윌튼 색소 기준으로
　　　　　　　　　　　레드레드, 레몬옐로우, 바이올렛, 로열블루, 켈리그린 색상 사용, 6가지 색상을 만들어야 하니
　　　　　　　　　　　같은 재료를 세 번 계량해서 만든다)

　크림 : 크림치즈 100g, 마스카포네치즈 30g, 생크림 200g, 설탕 25g

도 구 : 믹싱볼, 핸드믹서기(거품기), 주걱, 스페튤라, 체, 유산지(종이호일), 빵칼, 1호 원형틀, 중탕용 냄비

○1 시트 반죽에 들어가는 버터와 우유는 한 번에 계량해서 전자레인지에 녹이거나 중탕으로 따뜻하게 녹인다.

○2 믹싱볼에 달걀을 넣고 풀어준 뒤 설탕과 꿀을 넣어 섞는다. 달걀 거품을 올릴 때에는 반죽의 온도가 따뜻해지도록 볼 아래 뜨거운 물을 중탕으로 받친다. 핸드믹서기를 고속 → 중속 → 저속 순서로 거품을 올린다.

○3 달걀의 온도가 따뜻해지면 중탕냄비를 빼고 계속해서 풍성하게 거품을 올린다. 매끄럽고, 기공이 작고 고르게 거품을 올리고 반죽을 떨어뜨렸을 때 리본모양을 그리는 정도가 되면 된다.

○4 박력분을 체에 내려 넣고 주걱으로 재빨리 크게 크게 저으면서 섞는다. 따뜻하게 녹여둔 버터와 우유에 반죽을 한 주걱 덜어 섞고, 다시 전체 반죽에 넣어 섞는다.

○5 가루 섞은 반죽을 2개로 나누고 각각 다른 색소를 섞는다. 꼬치 같은 것으로 색소를 두 번 정도 찍어 넣어주면 된다. 그린 색상과 레드 색상 반죽을 만들어 원형틀에 담고 170℃로 미리 예열된 오븐에 20~25분 정도 굽는다.

○6 다른 색상(바이올렛 색상과 레몬옐로우 색상)도 같은 과정으로 만들고 2개로 나눠 색소를 섞어 만든다. 주황색의 경우 레드레드 색소와 레몬옐로우 색소를 한 번씩 찍어 넣고 섞어주면 된다.

○7 만들어진 6가지 시트를 식힌 후 빵칼을 이용해 1~1.5cm 두께로 슬라이스한다. 만든 시트 1개당 슬라이스 두께에 따라서 2~3개 정도 나온다.

○8 볼에 크림치즈와 마스카포네치즈(생략 가능)를 넣고 풀어준 뒤 설탕을 넣고 섞는다. 차가운 생크림을 넣고 얼음물을 볼 아래 받쳐서 차갑게 유지하면서 고루 섞는다. 뻑뻑하게 될 정도로 크림을 올려 사용한다.

○9 자른 시트를 보라-파랑-초록-노랑-주황-빨강 순서대로 쌓으며 사이사이에 크림을 적당히 바른다.

10 구운 시트 자투리가 있으면 체에 눌러 내려서 가루로 만들어 장식으로 사용한다.

11 크림 샌드를 하면서 쌓아올린 시트 위에 크림을 펴 바르고, 윗면에 시트가루를 고루 뿌려서 장식하면 완성이다.

딸기 보틀 케이크

마스카포네치즈가 없는 경우 크림치즈를 사용하거나 생크림만 휘핑해 채워도 됩니다.
딸기가 없으면 키위 같은 과일을 얇게 슬라이스해서 병에 붙여 키위 보틀 케이크로 만들어도 좋아요.

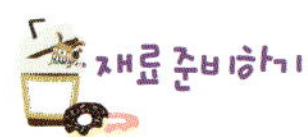 재료 준비하기

분 량 : 스펀지케이크는 1호사이즈 1개, 보틀 케이크는 병 473ml 2개

재 료 : 딸기 500~600g

　　　　스펀지케이크 시트 : 달걀 2개, 설탕 55g, 꿀 10g, 박력분 60g, 버터10g, 우유 10g

　　　　크림 : 생크림 300g, 마스카포네치즈 75g, 설탕 30g, 바닐라빈 약간

도 구 : 믹싱볼, 거품기, 핸드믹서기, 체, 주걱, 유산지 (종이호일), 원형틀, 유리보틀 (유리병), 칼, 비닐 짤주머니, 별깍지

58

○1 스펀지케이크 시트 반죽에 들어가는 버터와 우유는 한 번에 계량해서 전자레인지로 녹이거나 중탕으로 따뜻하게 녹인다. 믹싱볼에 달걀을 넣어 풀고 설탕과 꿀을 넣어 섞는다. 반죽의 온도가 따뜻해지도록 볼 아래 뜨거운 물을 중탕으로 받치고, 핸드믹서기 고속 → 중속 → 저속 순서로 달걀 거품을 올린다.

○2 달걀의 온도가 따뜻해지면 중탕에서 내리고 계속해서 풍성하게 거품을 올린다. 매끄럽고, 기공이 작으면서 고르게 거품을 올려주고, 반죽을 떨어뜨려 봤을 때 리본모양을 그리면서 떨어지는 정도가 되면 된다.

○3 박력분을 체에 내려 넣고 주걱으로 재빨리 크게 크게 저으면서 섞는다. 따뜻하게 녹여둔 버터와 우유에 반죽을 한 주걱 덜어 섞은 후 다시 전체를 반죽에 넣어 섞는다.

04 유산지나 종이호일을 깔아둔 원형틀에 반죽을 채우고 170~180℃로 예열된 오븐에 넣어 20~25분 정도 굽는다. 구운 뒤 오븐에서 꺼내 틀에서 바로 분리하고 식힘망에 올린다.

05 완전히 식으면 빵칼로 1.5cm 두께로 슬라이스한다. 슬라이스한 시트를 깍뚝모양으로 자른다. 크기는 약간 더 커도 된다.

06 시트가 준비되면 씻어둔 딸기의 물기를 키친타월로 제거하고 딸기를 2mm 두께로 슬라이스한다. 얇을수록 병에 잘 붙는다. 케이크 안에 들어가는 딸기는 깍뚝썰기로 작게 자른다.

07 크림을 만든다. 볼에 마스카포네치즈를 넣어 거품기로 잘 풀고 설탕을 넣고 섞는다. 치즈에 차가운 생크림을 넣고 볼 아래에 얼음물을 받쳐 차가운 상태를 유지하면서 휘핑한다. 바닐라빈도 약간 긁어 넣고 거품기 돌아가는 자국이 날 때까지 약간 단단하게 휘핑한다.

08 슬라이스한 딸기를 돌려가면서 병 안쪽에 한 줄 붙이고, 거꾸로 다시 한 줄 붙이고, 한 줄을 더 붙인다.

09 딸기병 바닥에 자른 시트를 적당히 깔고 휘 핑한 크림을 얇게 짜서 채운다.

10 크림 위에 작게 자른(깍뚝썰기) 딸기를 적당 히 올리고, 다시 크림을 얇게 채운다(시트- 크림-딸기-크림 순서).

11 맨 윗부분 크림은 그냥 짤주머니로 평평하게 채워도 되지만, 별깍지가 있으면 별깍지를 끼운 짤주머니 에 크림을 담아 동글동글한 모양으로 짜주면 더 예쁘다. 남은 딸기를 잘라 윗면을 장식하면 완성이다.

단호박 파이

사용하는 단호박의 수분양이 너무 많아 질척일 때에는 냄비에 익힌 단호박을 넣고 버터와 황설탕, 소금을 함께 넣어 살짝 볶는 느낌으로 수분을 날려 준 뒤 사용해 보세요. 스파이시가 없다면 시나몬파우더와 정향, 클로브 등을 섞어 사용하거나 시나몬파우더만 사용해도 됩니다. 시나몬파우더는 1/2ts 정도만 넣어도 충분하지만 시나몬향을 좋아한다면 1ts까지 넣어도 괜찮아요.

재료 준비하기

분 량 : 17~18cm 원형 파이틀

재 료

파이지 : 박력분 200g, 차가운 버터 100g, 소금 2g, 슈가파우더 15g, 베이킹파우더 1/4ts, 차가운 물 55g, 덧가루용 박력분 약간

단호박 충전물 : 익힌 단호박 300g, 황설탕 45g, 소금 약간, 버터 20g, 달걀 1/2개, 생크림 30g, 호박파이 스파이시 1/2~1ts

그 외 : 달걀물 약간(반죽에 넣고 남은 달걀 사용)

도 구 : 믹싱볼, 핸드블렌더, 체, 주걱, 원형 파이틀, 스크래퍼, 밀대, 붓, 칼, 포크

○1 **파이지를 만든다.** 볼에 박력분과 소금, 슈가파우더, 베이킹파우더를 한 번에 체에 내려 넣고 차갑고 단단한 버터를 잘라 넣는다. 스크래퍼로 버터를 잘게 자르면서 가루와 잘 섞는다.

○2 보슬보슬 소보로 정도의 상태로 버터와 가루가 섞이면 차가운 물을 넣고 스크래퍼로 자르듯 섞어 뭉친다. 반죽을 비닐이나 랩으로 싼 후 냉장고에 30분~1시간 정도 휴지한다.

거품기나 주걱을
사용해도 된다.

○3 파이반죽을 휴지하는 동안 **단호박 충전물을 만든다.** 단호박은 전자레인지에 돌리거나 찜통에 쪄서 푹 익힌 뒤 껍질을 제거한다. 단호박 300g을 볼에 넣고 부드러운 버터를 넣어 섞는다.

04 황설탕과 소금, 달걀과 생크림을 넣어 섞는다.

05 호박파이 스파이시를 넣고 섞는다. 단호박의 덩어리가 없어지도록 핸드블렌더로 한 번 고루 갈아 섞는다.

06 휴지한 파이반죽을 꺼내 2개로 나누고, 작업대에 덧가루를 뿌린 후 3mm 정도 두께로 반죽을 사방으로 돌려주면서 고르고 평평하게 민다.

○7 반죽의 덧가루를 털고 파이틀에 꼼꼼하게 밀착시켜 깐다. 틀 밖으로 나오는 부분은 칼로 깔끔하게 틀 모양대로 잘라내고, 냉장고에 잠시 넣어둔다. 냉장고에서 꺼내어 호박 충전물을 평평하게 채운다.

○8 다른 반죽도 같은 두께로 만들고 틀을 덮을 수 있도록 틀 모양대로 칼로 자른다. 할로 윈 호박인 잭오랜턴 모양을 내준다.

○9 반죽의 가장자리부분이 붙을 수 있도록 달걀물을 살짝 발라주고 모양을 내준 반죽을 위에 올려 덮는다. 반죽틀을 돌려가며 포크로 가장자리를 눌러 붙이고 붓으로 윗면에 달걀물을 고루 바른다. 180℃로 미리 예열된 오븐에 넣어 40~45분 정도 노릇노릇하게 잘 익도록 충분히 굽는다.

말차(녹차)
가토 오 쇼콜라

녹차가루보다는 말차가루를 사용해요. 말차가루가 쓴맛이나 텁텁한 맛이 덜하답니다.
트레할로스는 설탕 대용으로 사용하는 재료로 설탕 대신 약간씩 넣어주면
단맛을 살짝 줄이면서 좀 더 촉촉한 식감의 제품을 만들 수 있어요.
트레할로스가 없으면 설탕을 넣어주세요.

재료준비하기

분량 : 15cm 1호 원형 1개

재료 : 화이트초콜릿 80g, 버터 50g, 생크림 50g, 노른자 3개, 설탕(노른자용) 20g, 흰자 2개, 설탕(흰자용) 25g,
트레할로스 15g, 박력분 30g, 옥수수전분 5g, 말차가루(녹차가루) 12g

도구 : 초콜릿 중탕용 볼, 믹싱볼, 거품기나 핸드믹서기, 주걱, 종이호일, 1호 원형틀

O1 화이트초콜릿과 버터를 한 번에 계량해 따뜻한 중탕물에 녹인다. 반죽에 넣을 생크림은 따로 계량해서 중탕으로 따뜻하게 데워둔다.

O2 흰자와 섞이지 않도록 분리해 둔 노른자를 풀어주고 설탕을 넣어 뽀얗게 되도록 섞는다.

O3 녹여둔 화이트초콜릿과 버터를 넣고 살짝 데워 둔 생크림을 넣고 섞는다.

O4 다른 볼에 흰자로 머랭을 만든다. 흰자를 거품기나 핸드믹서기로 약간 풍성하도록 거품을 올리고 설탕을 두세 번에 나눠 넣으며 섞는다. 뿔이 뾰족하게 서는 단단한 머랭으로 만든다.

05 초콜릿 반죽에 만들어 둔 머랭의 1/3 정도 양을 덜어 넣고 거품기로 섞는다.

06 박력분과 옥수수전분, 말차가루를 한번에 체에 내려 반죽에 넣고 주걱으로 섞는다. 남은 머랭도 두 번에 나눠 넣고 주걱으로 고루 섞는다.

07 유산지나 종이호일을 깔아 둔 원형팬에 반죽을 모두 채운다. 160℃로 미리 예열해둔 오븐에 반죽팬을 넣고 온도를 150도로 낮춘 뒤 30~35분 정도 굽는다.

생크림은 유지방 함량이 높은 것으로 해야 맛있어요.
생크림을 휘핑할 때에는 볼 아래 반드시 얼음물을 받치고 휘핑해주세요.
그냥 거품을 올리게 되면 더 쉽게 퍼질 수 있어요.

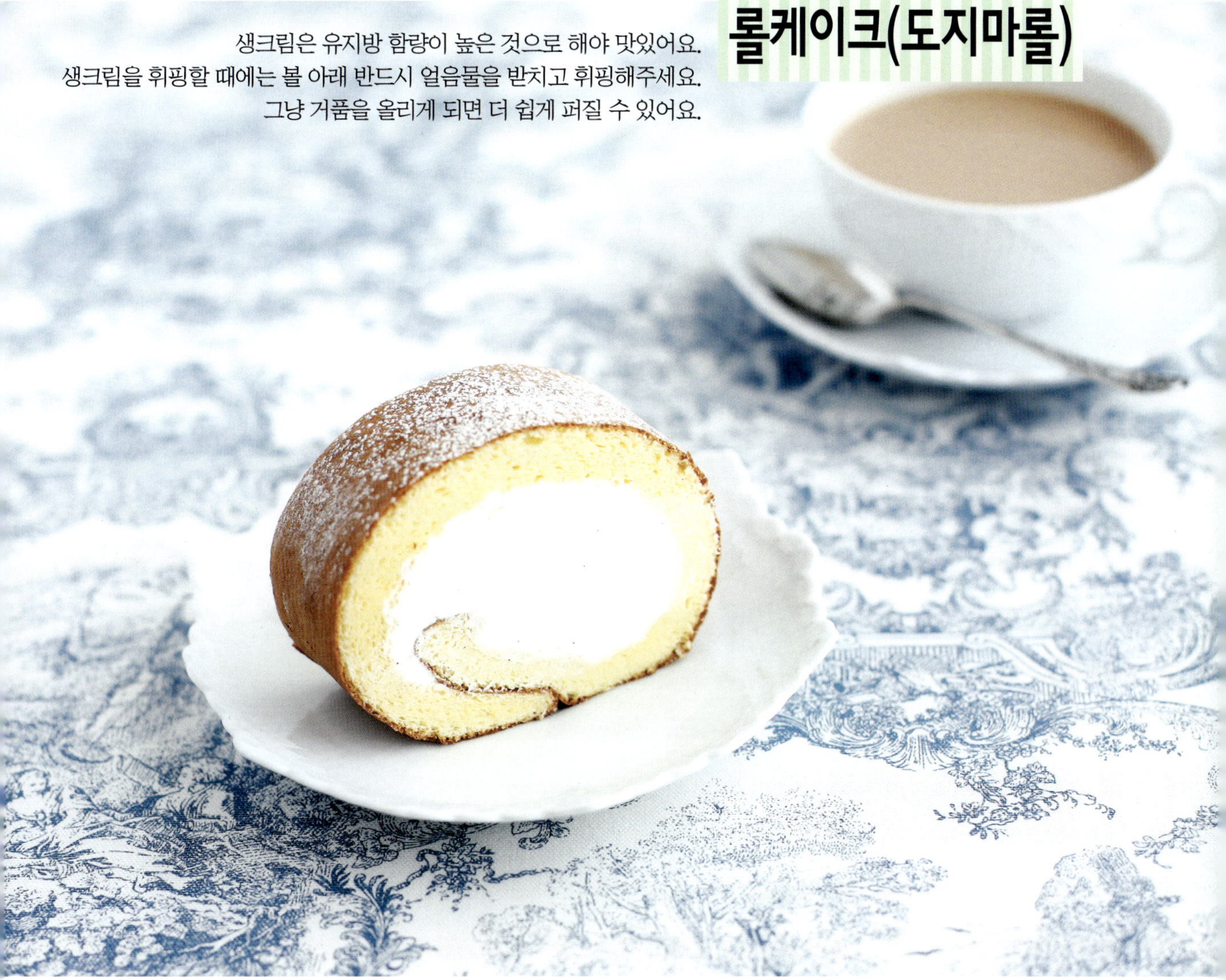

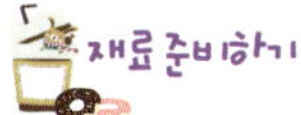
재료 준비하기

분 량 : 29cm×29cm 정사각 롤케이크팬 1개 또는 32cm×28cm 오븐팬 1개

재 료

비스퀴 : 노른자 80g, 노른자용 설탕 10g, 꿀 20g, 흰자 120g, 머랭용 설탕 60g, 박력분 40g, 버터 15g, 우유 25g

크림 : 생크림 300g, 설탕 23g, 바닐라빈 약간

장식용 : 슈가파우더 약간

도 구 : 롤케이크팬, 오븐팬, 종이호일(or 유산지), 거품기, 핸드믹서기, 주걱, 믹싱볼, 체, 스크래퍼, 스페튤라

01 달걀은 노른자와 흰자가 섞이지 않도록 잘 분리해 각각 담고, 반죽에 들어가는 버터와 우유는 한 번에 담아 중탕으로 녹여둔다. 다른 볼에 노른자를 넣어 풀고 설탕과 꿀을 넣어 섞는다. 섞을 때 볼 아래에 따뜻한 물을 받쳐 중탕인 상태에서 올려주면 거품이 더 잘 올라온다.

02 노른자 반죽이 뽀얗고 풍성하게 잘 섞였으면 머랭을 만든다. 흰자를 거품기나 핸드믹서기로 몽글몽글 풀어 어느 정도 거품을 살짝 올려준 뒤 설탕을 세 번 정도 나눠 넣으며 섞는다.

03 설탕을 조금씩 넣어가며 흰자의 거품을 올려서 뿔이 뾰족하게 서는 단단한 머랭으로 만든다. 노른자 볼에 단단한 머랭의 절반을 덜어서 거품기로 고루 섞는다.

○4 두 번 정도 체에 내린 박력분을 넣고 거품기로 고루 가볍게 섞는다.

○5 따뜻하게 녹여둔 버터와 우유도 주걱을 타고 흘려 넣어준 뒤 주걱으로 섞는다. 마지막으로 남은 머랭을 넣고 꼭 주걱으로 섞는다.

○6 미리 종이호일을 깔아둔 롤케이크 팬에 반죽을 떨어뜨려 흘려서 채워주고 스크래퍼로 윗면을 재빨리 평평하게 만든다. 롤케이크 팬 아래 오븐팬을 받쳐서 180℃로 미리 예열된 오븐에 넣어 13~15분 정도 연한 갈색이 되도록 굽는다.

○7 구운 시트는 꺼내자마자 팬에서 분리해서 식힘망에 올려 식히고, 크림을 만든다. 차가운 생크림을 볼에 넣고 볼 아래 얼음물을 받쳐준 뒤 설탕과 바닐라빈을 넣고 단단하게 휘핑한다.

○8 아랫면 유산지를 떼어내고 위로 향하게 한 후 스페튤라로 단단하고 뻑뻑하게 올린 크림을 시트에 바른다. 발라줄 땐 시트의 중심부분이 살짝 언덕처럼 올라오도록 도톰하게 발라주고 말리는 앞쪽과 끝부분은 얇게 바른다.

09 크림을 바르고 유산지로 감싸 돌돌 말아준 뒤 그대로 냉장고에 30분 이상 넣어 차갑게 보관한다.

10 차갑게 보관한 롤케이크를 꺼내 윗면에 슈가 파우더를 솔솔 뿌려준다. 따뜻한 물에 담갔다가 물기 닦은 칼로 한 조각씩 깔끔하게 자른다.

파운드 반죽을 평평하게 채워주고 중심부분에 버터나 식용유를 사용해서 중심선을 그어주면 굽는 동안
그 부분으로 케이크가 터져서 봉긋하고 예쁜 모양의 파운드케이크가 완성됩니다.
그냥 구워도 상관없지만 반죽 윗면에 중심을 한 번 그어서 구워보세요.

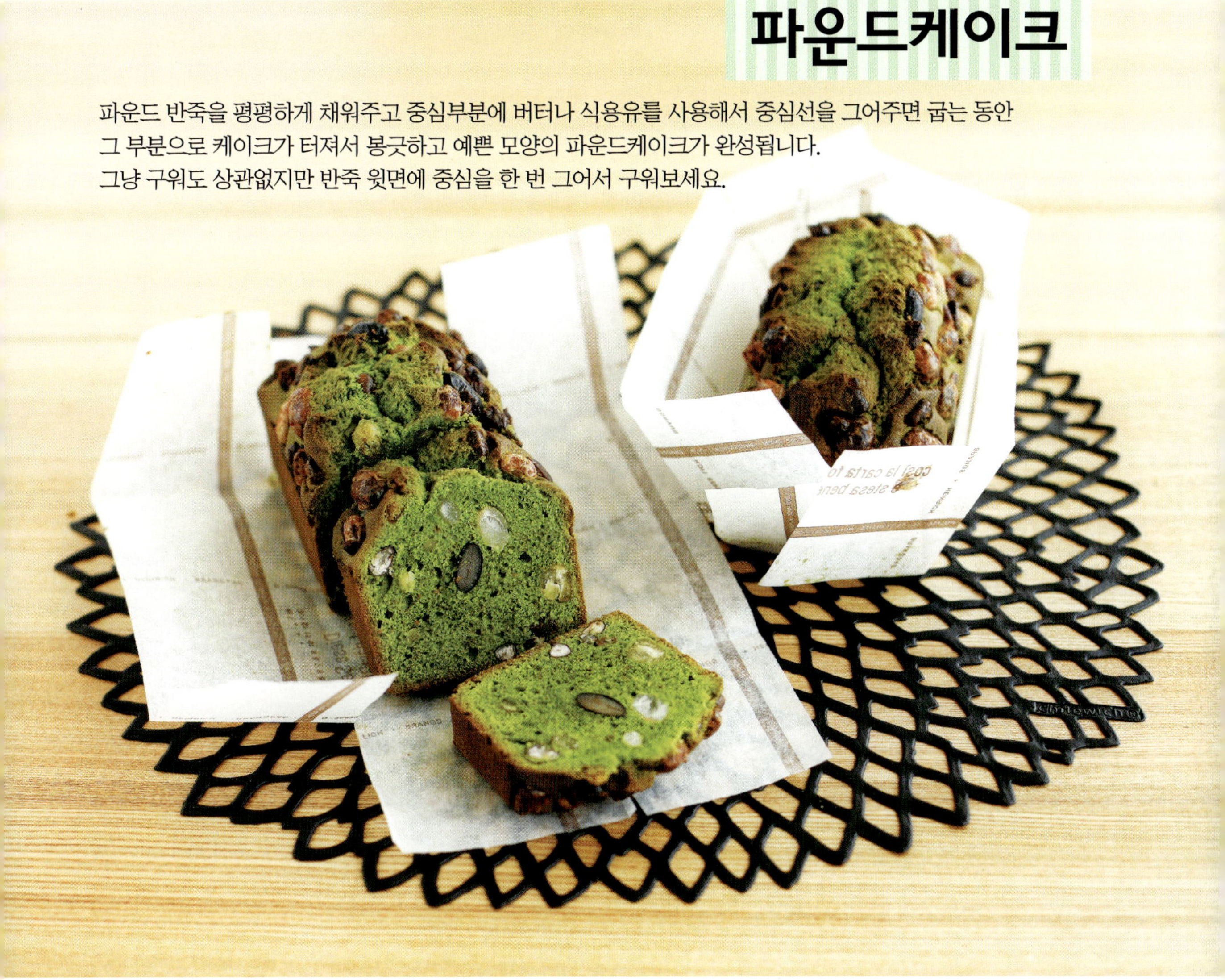

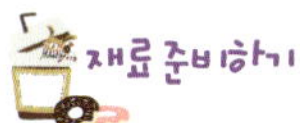
재료 준비하기

분 량 : 길이 18cm 파운드틀 1개 또는 12cm 파운드틀 2개
재 료 : 버터 100g, 설탕 80g, 소금 약간, 달걀 2개, 박력분 110g, 말차가루 8g, 베이킹파우더 3g, 콩배기 100g,
중심선용 버터나 식용유 약간
도 구 : 핸드믹서기, 주걱, 종이호일, 파운드틀, 믹싱볼, 주걱, 체

01 실온에 미리 꺼내두어 부드러워진 버터를 볼에 넣고 풀어준 뒤 설탕과 소금을 넣고 섞는다. 버터 색이 뽀얗게 되면 달걀을 따로 풀어서 조금씩 흘려 넣고 분리되지 않도록 섞는다.

02 박력분과 말차가루, 베이킹파우더를 한 번에 체에 내려 넣고 주걱으로 섞는다.

03 가루가 보이지 않게 섞이면 콩배기를 넣어 섞는다. 윗면에 올려줄 콩배기 몇 개만 남겨두고 섞으면 된다.

04 유산지를 미리 깔아둔 파운드틀에 반죽을 채워주고 반죽의 중심선을 버터나 식용유를 바른 주걱으로 긋는다. 그 후 조금 남겨둔 콩배기를 올려주고 170℃로 미리 예열된 오븐에 넣어 30~35분 정도 굽는다.

토마토
티라미수

티라미수 윗면을 보송보송하게 보이도록 하기 위해서는 꼭 데코스노우를 사용해주세요.
슈가파우더를 뿌릴 경우에는 다 녹아 없어져버리기 때문에
녹지 않는 데코스노우를 사용해야 합니다.

재료 준비하기

분 량 : 5.5cm×9cm×6.5cm 사이즈 플라스틱 투명컵 3~4개
재 료 :

    스펀지케이크 : 달걀 2개, 설탕 55g, 꿀 10g, 박력분 60g, 버터10g, 우유 10g
    치즈 크림 : 마스카포네 치즈 200g, 생크림 200g, 설탕 32g, 바닐라빈 1/4개 정도
    장식용 : 방울토마토 8~10개, 애플민트잎 약간, 데코스노우 약간
    토마토잼 : 토마토 500g, 레몬즙 20g, 설탕 200g

※ 토마토잼은 120~130ml 잼병 2개 정도 나오는 분량입니다. 토마토 파운드케이크(p. 313)와 함께 사용하려면 이
    레시피대로 넉넉하게 만들어 두 가지에 사용해도 되고, 티라미수만 할 경우에는 레시피의 절반 분량만 계량해서
    만들어주세요.

도 구 : 냄비, 내열주걱, 잼병, 오븐팬, 지름 15cm 원형틀, 믹싱볼, 핸드믹서기(거품기), 종이호일(유산지), 플라스틱 투명
    컵, 원형쿠키틀, 빵칼, 스페튤라, 칼, 체

01 **토마토잼을 만든다.** 토마토 윗부분에 십자로 칼집 살짝 내서 끓는 물에 담가 한 번만 굴려서 꺼낸다. 바로 찬물에 담그고, 껍질을 벗긴다.

02 토마토를 작게 잘라 냄비에 넣는다. 자를 때 토마토 씨를 조금 제거하면 깔끔한 식감으로 만들 수 있다. 넣어도 상관없으니 취향에 맞게 선택하여 만든다.

03 레몬즙과 설탕을 넣고 섞은 뒤 중불에서 끓기 시작하면서부터 계속 저어, 25분 정도 더 끓인다. 센불에서 끓이면 잼이 타기 쉬우니 불을 약하게 해서 뭉근하게 끓인다.

04 수분이 절반 정도 줄어 걸쭉해지면 그대로 사용해도 되고, 블렌더에 갈아서 사용해도 된다. 티라미수를 만들 때 사용하기 위해 핸드블렌더로 살짝만 갈아 약간만 더 끓여서 완성한다.

05 열탕으로 소독한 유리병에 담아 뚜껑을 바로 닫고, 식힌다. 티라미수를 만들 때에는 잼이 차가운 상태이면 더 좋으니 식힌 뒤 냉장 보관했다가 사용한다.

06 **스펀지케이크를 만든다.** 시트 반죽에 들어가는 버터와 우유는 한 번에 계량해서 전자레인지나 중탕으로 녹인다. 원형틀은 유산지나 종이호일을 미리 깔아둔다. 믹싱볼에 달걀을 넣고 풀어준 뒤 설탕과 꿀을 넣어 섞는다. 달걀 거품을 올릴 때에는 반죽의 온도가 따뜻해지도록 볼 아래 뜨거운 물을 중탕으로 받친다.

07 핸드믹서기를 고속 → 중속 → 저속 순서로 돌려 거품을 올린다. 달걀의 온도가 따뜻해지면 중탕냄비를 빼고, 계속해서 풍성하게 거품을 올린다. 매끄럽고 기공이 작고 고르게 거품을 올리고, 반죽을 떨어뜨려 봤을 때 리본모양을 그리면서 떨어지는 정도이다.

08 박력분을 체에 내려 넣고 주걱으로 재빨리 크게 크게 저어 섞는다. 따뜻하게 녹여둔 버터와 우유에 반죽을 한 주걱 덜어 섞고, 전체 반죽에 넣어 섞는다.

09 유산지를 깔아둔 원형틀에 반죽을 채우고 170~180℃로 예열된 오븐에 넣어 20~25분 정도 굽는다. 구운 후 오븐에서 꺼내 바로 틀에서 분리하고 식힘망에 올려 식힌다.

10 식힌 스펀지케이크를 두께 1cm 정도로 슬라이스한다. 투명컵 안의 바닥과 중간부분에 맞도록 원형쿠키틀로 시트를 1컵당 2장씩 잘라 준비한다.

11 **치즈 크림을 만든다.** 믹싱볼에 마스카포네치즈를 넣고 풀은 후 설탕과 바닐라빈을 긁어 넣고 섞는다.

12 차가운 생크림을 1/4 정도만 먼저 넣어 치즈와 잘 섞는다. 남은 생크림도 모두 넣고 믹싱볼 아래에 얼음물을 받친다. 차가운 상태를 유지하면서 고루 섞어 휘핑한다.

13 거품기 돌아가는 자국이 나는 정도로 뻑뻑한 상태로 치즈 크림을 휘핑해서 사용한다.

14 투명컵에 차갑게 보관한 토마토잼을 30~35g 정도 채우고, 잘라둔 시트를 토마토잼에 잠기도록 지그시 눌러 넣는다.

15 치즈 크림을 컵 중간 정도까지 채우고, 다시 토마토잼을 35~40g 정도 채운다.

16 시트 하나를 잼에 잠기도록 지그시 눌러 넣는다.

17 마지막으로 치즈 크림을 컵의 윗부분까지 채우고, 스페튤라로 평평하게 만든다. 그대로 냉장고에 30분 정도 차갑게 보관한다.

18 윗면에 장식할 방울토마토는 하나는 꼭지 그대로 올리고, 다른 하나는 절반으로 자른다.

19 냉장고에서 티라미수를 꺼내 윗부분에 데코 스노우를 체로 솔솔 고루 뿌려서 덮는다.

20 방울토마토를 취향껏 올려 장식하면 완성이다. 애플민트가 있다면 올리면 좋다.

강남 디저트
서울 패션피플의 집합지인 강남, 수 많은 사무실과
어학원으로 항상 사람들이 가득하다. 놀거리, 먹을거리,
볼거리로 많은 사람들의 만남의 장소로,
서울에서 맛집을 찾아 떠난다면 꼭 가봐야할 1번지이다.
르 쁘띠베르
초콜릿카페
압구정로데오거리
베네쿠치
모과트리
한국시티은행
쥬니어유
청담동거리
루키버드
코리아
분더샵
피에로
스트라이크
기욤
디저트리
코코브루니
맥도날드
도산대로
학동
사거리
청담
사거리
청담
휴먼스타빌
청담
성모치과
라브아뜨
키위요
농협
신논현역
리츠칼튼서울
반디네일
강남본점
더 베이킹
교보타워
사거리
클로리스
신논현점
투더디프런트
마망가또
더바나나앤코
뉴 코피커피
CGV
역삼역
달콤커피
클로리스
테헤란로
포스코
피엔에스타워
뉴현대빌라
강남역
르노삼성자동차
강남정비사업소
디저트39
프리엘
미니스톱
네스카페
국기원사거리점
팥고당
강남대로
농협
네스빌
블루밍코트
아파트
역삼초교
사거리
잇테이블
역삼초등학교

Part.2

강 남

티라미슈 타르트
바닐라 에클레어
초콜릿 에클레어
복숭아 홍차 롤케이크
레드벨벳 컵케이크
바닐라 크레이프 케이크
카스텔라
뉴욕 치즈케이크
캐러멜 아이스크림
코코넛 스콘
말차 화이트초콜릿 롤케이크
소금 캐러멜 마카롱
스위트 포테이토 쿠키
흑설탕 마들렌
삼색 마블 피낭시에
기본 팬케이크
시트론 진저 에이드
딸기라떼
후람보아즈(라즈베리) 마카롱
곰돌이(얼굴모양) 컵케이크

티라미수 타르트

타르트지에 달걀물을 바르는 것은 크림을 채우는 타르트라면 꼭 해야 하는 과정이랍니다.
달걀물을 바르고 구워야 타르트지가 코팅되어 바삭함을 유지하기 때문이에요.
달걀물을 바르지 않고 크림을 채워주면 타르트지가 더 빨리 눅눅해져요.

재료 준비하기

분 량 : 지름 21cm 타르트틀 1개

재 료

- **스펀지케이크(지름 15cm 원형틀)** : 달걀 2개, 설탕 55g, 꿀 10g, 박력분 60g, 버터10g, 우유 10g
- **타르트지** : 버터 80g, 슈가파우더 40g, 소금 약간, 달걀 28g, 박력분 130g, 아몬드가루 20g, 바닐라파우더 약간, 타르트지에 바를 달걀물 약간(타르트지에 넣고 남은 달걀 사용), 덧가루용 박력분 약간
- **가나슈** : 다크초콜릿 20g, 생크림 20g
- **커피시럽** : 물 100g, 설탕 40g, 인스턴트 커피 4g, 깔루아 20g
- **치즈 크림** : 달걀노른자 30g, 설탕 40g, 생크림 100g, 바닐라빈 약간, 판젤라틴 3g, 마스카포네치즈 250g, 생크림(휘핑용) 150g, 설탕(휘핑용) 10g, 윗면에 뿌릴 무가당 코코아가루 약간

도 구 : 믹싱볼, 스크래퍼, 밀대, 비닐팩, 포크, 종이호일, 누름돌, 내열주걱, 거품기, 핸드믹서기, 체, 칼과 도마, 스페튤라, 붓, 빵칼, 타르트틀, 원형틀, 중탕용 냄비, 돌림판

○1 **타르트지를 만든다.** 박력분과 아몬드가루, 슈가파우더, 소금, 바닐라파우더를 한 번에 체에 내려 볼에 넣고, 차가운 버터도 넣어 스크래퍼로 잘게 잘게 자르며 가루류와 잘 섞이도록 한다.

○2 어느 정도 버터 알갱이가 잘라지면 손으로 버터와 가루가 잘 섞이도록 으깨면서 보슬보슬하게 살살 비벼주면서 섞어 소보로 정도의 상태로 만든다.

○3 풀어준 달걀을 반죽의 중심에 넣고, 스크래퍼를 사용해 자르듯 섞어주면서 반죽을 뭉친다.

04 반죽을 작업대로 옮기고 손바닥으로 반죽을 세 번 정도 앞쪽 방향으로 밀어 치대 섞는다. 스크래퍼로 반죽을 모아 비닐에 넣고 평평하게 누른 후 냉장고에 1시간 정도 넣어 휴지한다.

05 **스펀지케이크를 만든다.** 반죽에 들어가는 버터와 우유는 한 번에 전자레인지나 중탕으로 따뜻하게 녹인다. 원형틀에는 종이호일을 미리 깐다. 믹싱볼에 달걀을 넣고 풀어준 뒤 설탕과 꿀을 넣어 섞는다. 달걀 거품을 올릴 때에는 반죽의 온도가 따뜻해지도록 볼 아래 뜨거운 물을 중탕으로 받치고 거품을 올린다. 거품을 올려줄 때에는 핸드믹서기 고속 → 중속 → 저속 순서로 거품을 올린다.

06 달걀의 온도가 따뜻해지면 중탕냄비를 빼주고 계속해서 풍성하게 거품을 올린다. 매끄럽고 기공이 작고 고르게 거품을 올려주고 반죽을 떨어뜨려 봤을 때 리본모양을 그리면서 떨어지는 정도가 되면 된다.

○7 박력분을 체에 내려 넣고 주걱으로 재빨리 크게 크게 저으면서 섞는다. 따뜻하게 녹여둔 버터와 우유에 반죽을 한 주걱 덜어 섞고, 전체 반죽에 모두 넣어 섞는다.

○8 유산지를 깔아둔 원형틀에 반죽을 채우고 170~180℃로 예열된 오븐에 넣어 20~25분 정도 굽는다. 구운 후 오븐에서 꺼내 바로 틀에서 분리하고 식힘망에 올려 식혀 둔다. 식힌 스펀지케이크는 1cm 정도 두께로 슬라이스한다.

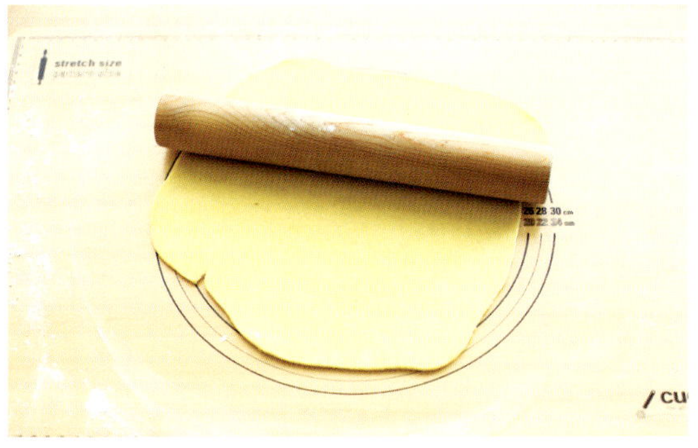

○9 타르트지를 구울 준비를 한다. 휴지한 반죽을 꺼내어 작업대에 덧가루를 살짝 뿌려주고 반죽을 사방으로 돌려가면서 밀대로 3mm 정도 두께로 타르트틀보다 크게 민다.

10 타르트틀보다 크게 밀은 반죽을 틀 위에 올려 안쪽으로 반죽이 잘 밀착되도록 꼼꼼하게 손으로 밀착시킨다. 틀 밖으로 튀어나온 반죽은 밀대로 밀어 자른다.

11 포크로 공기구멍을 조금 찍어주고, 반죽이 차가워지도록 10~20분 정도 잠시 냉장고에 넣어둔다.

12 차가워진 타르트틀 반죽을 꺼내어 종이호일을 틀보다 크게 잘라 부드럽게 비벼서 타르트틀의 반죽 윗면에 잘 밀착시켜 깐다. 누름돌을 가득 채워 160℃로 미리 예열된 오븐에 넣어 30분 정도 굽는다.

13 30분 정도 지나면 재빨리 오븐 문을 열고 누름돌을 종이호일째 들어낸다. 붓으로 달걀물을 타르트지 안쪽에 골고루 바른 뒤 다시 160℃ 오븐에 넣고 5~10분 정도 노릇해지도록 굽는다. 노릇하게 구워준 타르트를 꺼내어 틀째로 식혀 틀에서 분리한다.

14 타르트지에 바를 **가나슈를 만든다.** 다크초콜릿을 중탕으로 녹인 뒤 살짝 데운 생크림을 넣어 섞는다.

15 식혀둔 타르트지 안쪽에 가나슈를 얇고 평평하게 펴 발라주고 냉장고에서 차가워지도록 식힌다.

16 **커피시럽을 만든다.** 물과 설탕, 커피를 냄비에 넣어 설탕이 녹을 정도로 살짝 끓여 한김 식힌 뒤 깔루아를 넣어 시럽을 만들어 둔다.

17 **치즈 크림을 만든다.** 판젤라틴을 차가운 얼음물에 담가 미리 충분히 불려둔다. 냄비에 생크림과 바닐라빈을 넣어 살짝 데우고, 볼에 달걀노른자와 설탕을 넣어 고루 섞는다. 데운 생크림을 노른자 반죽에 넣어 섞고 다시 냄비로 붓는다.

18 냄비를 약불이나 중불에 올리고 천천히 저어주면서 커스터드 소스를 만든다. 주걱으로 냄비바닥에 8자를 그리면서 계속 저어주면서 온도를 올린다. 냄비 바닥을 긁었을 때 자국이 생겼다가 없어지는 정도의 걸쭉함으로 온도가 올라가면 된다.

19 84℃ 정도까지 올린 반죽은 불을 끄고, 불려둔 판젤라틴을 건져 물기를 꼭 짜준 뒤 냄비 반죽에 넣어 고루 섞는다. 반죽을 체에 걸러 다른 볼로 옮겨 담고 그대로 식힌다.

20 다른 볼에 마스카포네치즈를 넣고 거품기로 풀어준 뒤 식힌 커스터드 소스를 넣어 고루 섞는다.

21 다른 볼에 휘핑용 차가운 생크림을 넣는다. 볼 아래에 얼음물을 받쳐 차가운 상태를 유지하면서 휘핑한다. 설탕을 넣고 거품기 돌아가는 자국이 날 정도로 약간만 뻑뻑한 상태로 올린다.

22 치즈 반죽에 생크림을 세 번 정도 나눠 넣어 섞는다. 처음 생크림을 섞을 때에는 거품기로 섞고 두 번째, 세 번째 나눠 넣어 섞을 때에는 주걱으로 섞는다.

23 1cm 정도 두께로 슬라이스한 스펀지케이크는 한 장은 그대로 사용하고 다른 한 장은 지름 12~13cm 정도로 좀 더 작게 자른다.

24 가나슈를 바른 타르트지를 냉장고에서 꺼내어 치즈 크림을 얇게 바른다.

25 그 위에 지름 15cm 시트를 깐다.

26 붓으로 커피시럽을 촉촉하게 바른다. 시트가 촉촉하게 젖을 정도로 시럽을 충분하게 발라주면 된다.

27 다시 그 윗면에 치즈크림을 도톰하고 넉넉하게 바른다.

28 작은 시트를 올리고 남은 커피시럽을 촉촉하게 바른다.

29 크림을 모두 올리고, 돔형 모양이 되도록 스페튤라로 펴 모양을 만든다. 돔형 모양으로 크림을 바른 뒤 돌림판을 돌리면서 스페튤라로 크림의 옆면을 긁어 자연스러운 모양으로 만든다. 그대로 냉동실에 넣어 차갑게 굳힌다.

30 차가운 티라미수 타르트에 무가당 코코아가루를 체로 얇게 솔솔 뿌려주면 완성이다. 칼을 따뜻하게 데워 타르트를 자르면 예쁘게 잘린다.

바닐라 에클레어

에클레어슈 반죽은 다른 슈크림 반죽보다
되직하게 만들어야 예쁘게 구워져요.
너무 질지 않도록 주의하세요.

재료 준비하기

분 량 : 길이 12cm로 9개 정도

재 료

슈 반죽 : 물 50g, 우유 50g, 버터 43g, 소금 1.5g, 설탕 1.5g, 박력분 55g, 달걀 75g, 슈가파우더 약간

바닐라 슈크림 : 우유 250g, 달걀노른자 43g, 설탕 60g, 옥수수전분 25g, 바닐라빈 1/2개, 생크림 50g

아이싱 : 슈가파우더 90g, 우유 21g, 바닐라빈 약간

장식용 : 금박 약간

도 구 : 핸드믹서기, 거품기, 믹싱볼, 체, 내열주걱, 냄비, 바트, 오븐팬, 비닐 짤주머니, 별깍지, 작은 구멍깍지

○1 **슈 반죽을 만든다.** 물과 우유, 버터, 소금, 설탕을 냄비에 넣고 확실하게 바르르 끓인다.

○2 끓어오르면 불을 끄고 체에 내린 박력분을 넣어 내열주걱으로 섞는다. 다시 중불에 올려 계속 저어 수분을 날리며 볶는다.

슈 반죽이 충분히 볶아지지 않으면 굽는 동안 잘 부풀지 않을 수 있다.

○3 반죽이 한 덩어리가 되고 냄비의 안쪽 바닥에 하얗게 막이 생길 정도로 충분히 볶아지면 불에서 내린다.

04 믹싱볼에 반죽을 옮기고 반죽이 식기 전에 풀어준 달걀을 절반 정도 넣어 섞는다. 남은 달걀도 조금씩 넣으며 섞어 매끄러운 반죽으로 만든다.

05 발이 여러 개인 별깍지를 끼운 짤주머니에 슈 반죽을 넣는다. 오븐팬 위에 12cm 정도 길이로 짜고, 윗면에 슈가파우더를 체로 두 번 정도 솔솔 고루 뿌린다. 160℃로 미리 예열된 오븐에 넣어 25~30분 정도 굽는다. 굽는 동안 오븐 문을 열지 않는다.

06 **바닐라 슈크림을 만든다.** 우유와 바닐라빈을 긁어 냄비에 넣어 살짝만 끓여 데운다.

07 다른 볼에 달걀노른자를 넣고 풀어준 뒤 설탕을 넣어 섞는다. 설탕이 뽀얗게 섞이면 옥수수전분도 넣어 섞는다.

08 반죽에 끓인 우유를 넣어 재빨리 섞는다.

09 반죽을 체에 걸러 냄비에 넣고 중불에 올려서 거품기로 섞으면서 끓인다. 바닥에 눌어붙지 않도록 거품기로 확실하게 저어주면서 거품이 뽀뽀 크게 올라오고 매끄럽고 광택이 날 정도로 충분히 끓인다.

10 끓인 크림을 바트에 옮겨 평평하게 담고, 윗면에 랩을 밀착시켜 얼음물에서 식히거나 냉장고에 넣어 충분히 식힌다.

11 식힌 에클레어 바닥부분에 크림을 넣을 구멍을 아주 작은 원형 깍지로 2~3곳 정도 뚫는다.

12 차가운 생크림을 볼에 넣어 얼음물에서 단단하게 휘핑하고, 다른 볼에 식힌 바닐라 슈크림을 넣고 거품기로 매끄럽게 풀어준 뒤 단단하게 휘핑한 생크림을 넣고 고루 섞는다. 바닐라 슈크림을 작은 구멍깍지를 끼운 짤주머니에 담아 에클레어 바닥 구멍으로 채운다.

13 아이싱 반죽을 만든다. 우유에 슈가파우더를 체에 내려 넣고 거품기로 고루 섞은 뒤 바닐라빈도 약간 긁어 넣어 섞는다. 크림을 채운 에클레어의 윗면을 아이싱에 살짝 담가 얇게 입힌다.

14 아이싱 윗면에 장식용 금박을 올려주면 완성이다. 크림이 시원해지도록 냉장 보관하면 된다.

에클레어 윗면에 쉽고 간단하게 가나슈를 만들어 얇게 씌워도 되지만
템퍼링한 초콜릿이나 코팅용 초콜릿을 씌워도
바삭한 식감을 살릴 수 있고 모양도 예뻐요.

재료 준비하기

분 량 : 길이 12cm로 9개 정도

재 료

　슈 반죽　: 물 50g, 우유 50g, 버터 43g, 소금 1.5g, 설탕 1.5g, 박력분 55g, 달걀 75g, 슈가파우더 약간
　초콜릿 슈크림　: 우유 250g, 달걀노른자 40g, 설탕 58g, 옥수수전분 22g, 바닐라빈 1/2개, 다크초콜릿 40g,
　　　　　　　　생크림 40g
　가나슈　: 다크초콜릿 60g, 생크림 60g
　장식용　: 카카오빈 약간
도 구 : 핸드믹서기, 거품기, 믹싱볼, 체, 내열주걱, 냄비, 바트, 오븐팬, 비닐 짤주머니, 별깍지, 작은 구멍깍지

01 슈 반죽을 만든다. 물과 우유, 버터, 소금, 설탕을 냄비에 넣고 확실하게 바르르 끓인다. 끓어오르면 불을 끄고 체에 내린 박력분을 넣어 내열주걱으로 섞는다.

02 다시 중불에 올려 계속 저어주면서 수분을 날리며 볶는다. 반죽이 한 덩어리가 되고 냄비의 안쪽 바닥이 하얗게 막이 생길 정도로 충분히 볶아지면 불에서 내린다.

03 믹싱볼에 뜨거운 반죽을 옮기고, 풀은 달걀을 절반 정도 넣어 섞고, 남은 달걀도 조금씩 넣어 섞어서 매끄러운 반죽으로 만든다. 발이 여러 개인 별깍지를 끼운 짤주머니에 슈 반죽을 넣는다.

○4 오븐팬 위에 12cm 정도 길이로 슈 반죽을 짜고, 윗면에 슈가파우더를 체로 두 번 정도 솔솔 고루 뿌린다. 160℃로 미리 예열된 오븐에 넣어 25~30분 정도 굽는다.

○5 구운 에클레어 바닥부분에 크림을 넣을 구멍을 작은 구멍깍지로 살짝 뚫는다.

○6 초콜릿 슈크림을 만든다. 우유와 바닐라빈을 긁어 냄비에 넣어 살짝만 끓여 데우고, 다른 볼에 달걀노른자를 넣고 풀어준 뒤 설탕을 넣어 섞고 옥수수전분도 넣어 섞는다. 끓인 우유를 노른자 반죽에 넣고 재빨리 섞는다.

○7 반죽을 체에 걸러 냄비에 넣고 중불에 올려 거품기로 저으면서 끓인다. 바닥에 눌어붙지 않도록 거품기로 확실하게 저어주면서 거품이 뽁뽁 크게 올라오고, 매끄럽고 광택이 날 정도로 충분히 끓인다.

○8 끓인 크림은 바트에 옮겨 평평하게 담고 윗면에 랩을 밀착시켜서 얼음물에서 식히거나 냉장고에 넣어 충분히 식힌다.

○9 다른 볼에 크림과 섞을 다크초콜릿을 넣고 살짝 데운 생크림을 넣어 섞는다. 양이 적기 때문에 두 가지를 한 번에 중탕으로 섞어도 된다.

10 믹싱볼에 식힌 슈크림을 넣어 거품기로 매끄럽게 풀어준 후 녹여 섞은 다크초콜릿과 생크림을 넣고 고루 섞어서 초콜릿 슈크림을 완성한다.

11 작은 구멍깍지 끼운 짤주머니에 초콜릿 슈크림을 넣고 구멍을 뚫은 에클레어에 가득 채운다.

12 볼에 생크림과 다크초콜릿을 넣고 중탕으로 녹여 가나슈를 만든다. 크림을 채운 에클레어를 윗면만 가나슈에 살짝 담가 가나슈를 얇게 입히고, 윗면에 카카오빈 분태를 뿌려 장식하면 완성이다. 먹기 전까지 시원하게 냉장고에 넣어두었다가 먹으면 좋다.

비스퀴를 짤 때에는 중심부터 직선이나 대각선으로
한 번 쭉 짜주고 한쪽을 채워 짜고, 철판을 뒤집어
나머지 한 쪽을 채우면 일정한 모양으로 예쁘게 짤 수 있어요.
꼭 중심부터 짜서 채워주는 방식으로 비스퀴를 만드세요

재료 준비하기

분량 : 30cm×30cm 롤케이크팬 1개 또는 32cm×28cm 오븐팬 1개

재료 :

홍차 비스퀴 : 달걀 3개, 설탕 90g, 박력분 78g, 옥수수전분 5g, 홍차파우더 7g, 슈가파우더 적당히

복숭아 넣을 시럽 : 물 160g, 설탕 80g, 키리슈(체리 리큐르) 20g, 레몬즙 5g

크림 : 마스카포네치즈 40g, 생크림 220g, 설탕 20g, 바닐라빈 약간, 키리슈(체리 리큐르) 5g

그 외 : 복숭아 2개

도구 : 믹싱볼, 거품기, 체, 냄비, 주걱, 종이호일이나 유산지, 롤케이크팬이나 오븐팬, 붓, 원형깍지, 비닐 짤주머니,
핸드믹서기, 스페튤라, 키친타월, 빵칼

○1 롤케이크팬이나 오븐팬에 유산지나 종이호일을 미리 깐다. 비스퀴를 짜줄 대각선 방향으로 유산지를 접어 표시하면 쉽게 짤 수 있다.

○2 케이크 안에 들어갈 복숭아를 시럽에 재우기 위해 씨를 제거하고 껍질을 제거한다. 시럽은 미리 물과 설탕을 섞어서 녹을 정도로만 끓여 완전히 식힌 후 키리슈와 레몬즙을 섞어 만들고, 복숭아를 2~3시간 정도 담가 둔다. 사용하기 전까지 냉장고에 넣어둔다.

○3 **비스퀴를 만든다.** 달걀은 흰자와 노른자가 섞이지 않게 잘 분리하고 흰자부터 머랭을 만든다. 흰자를 핸드믹서기로 거품이 약간 올라올 정도로 풀어준 다음 설탕을 서너 번 나눠서 섞는다. 뿔이 뾰족하게 서는 단단한 머랭으로 만든다.

○4 달걀노른자를 곱게 풀어 머랭에 넣고 주걱으로 서너 번만 가볍게 섞는다. 박력분과 옥수수전분, 홍차파우더를 체에 내려서 모두 넣고 주걱으로 가볍고 큰 동작으로 재빨리 섞는다.

○5 지름 1cm 원형깍지를 끼운 짤주머니에 반죽을 넣어 유산지를 깔아둔 롤케이크팬에 대각선으로 접어 표시해둔 중심부터 쭉쭉 짠다. 반죽 윗면에 슈가파우더를 체로 솔솔 두 번 정도 골고루 뿌린다. 180℃로 미리 예열된 오븐에 넣고 10~13분 정도 굽는다.

○6 완성된 비스퀴를 바로 철판에서 분리해서 한김 식힌다. 너무 식혀서 말라버리면 롤케이크를 만들 때 부서질 수 있으니 바로 크림을 만들어 말아주거나 비닐에 넣어 잠시 보관한다.

○7 **크림을 만든다.** 볼에 마스카포네치즈를 넣고 풀어준 뒤 설탕을 넣어 고루 섞고, 생크림을 약간만 넣어 고루 섞는다. 약간 묽은 반죽이 되면 남은 생크림도 모두 넣고 볼을 얼음물에 담가준 다음 핸드믹서기 로 휘핑한다.

○8 거품기 돌아가는 자국이 나면 바닐라빈과 키리슈를 넣고 뻑뻑한 느낌이 들 때까지 좀 더 휘핑한다.

○9 복숭아를 담갔던 시럽을 붓에 묻혀 촉촉하게 비스퀴 안쪽에 바른다.

1○ 뻑뻑하게 휘핑한 크림을 스페튤라를 사용해 비스퀴의 끝부분 1cm를 남기고 잘 바른다. 비스퀴 중심부 분에는 약간 도톰하게 크림을 바르고, 복숭아(시럽을 살짝 제거)를 3줄 정도 올린다.

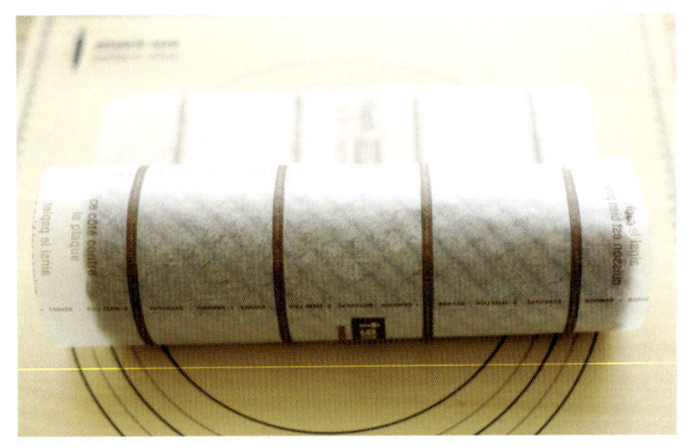

11 유산지로 케이크를 김밥처럼 감싸 한번에 만
다. 크림이 남았으면 롤케이크 양쪽 끝부분
에 스페튤라로 크림을 채운다.

12 말아준 롤케이크는 바로 자르지 말고 냉장고
에 30분 정도 넣어 차갑게 보관했다가 자른
다. 빵칼을 따뜻한 물에 담갔다가 물기를 닦
고 롤케이크를 자르면 깔끔하게 잘린다.

반죽에 들어가는 버터, 프로스팅에 들어가는
크림치즈와 버터는 만들기 전에 미리 실온에 꺼내두었다 사용하세요.
차가운 상태로 사용하면 잘 섞이지 않고 덩어리가 생길 수 있어요.
달걀도 마찬가지로 차가우면 반죽에 섞을 때 분리될 수 있으니
꼭 실온에 미리 꺼내두었다가 차갑지 않은 상태로 사용하세요.

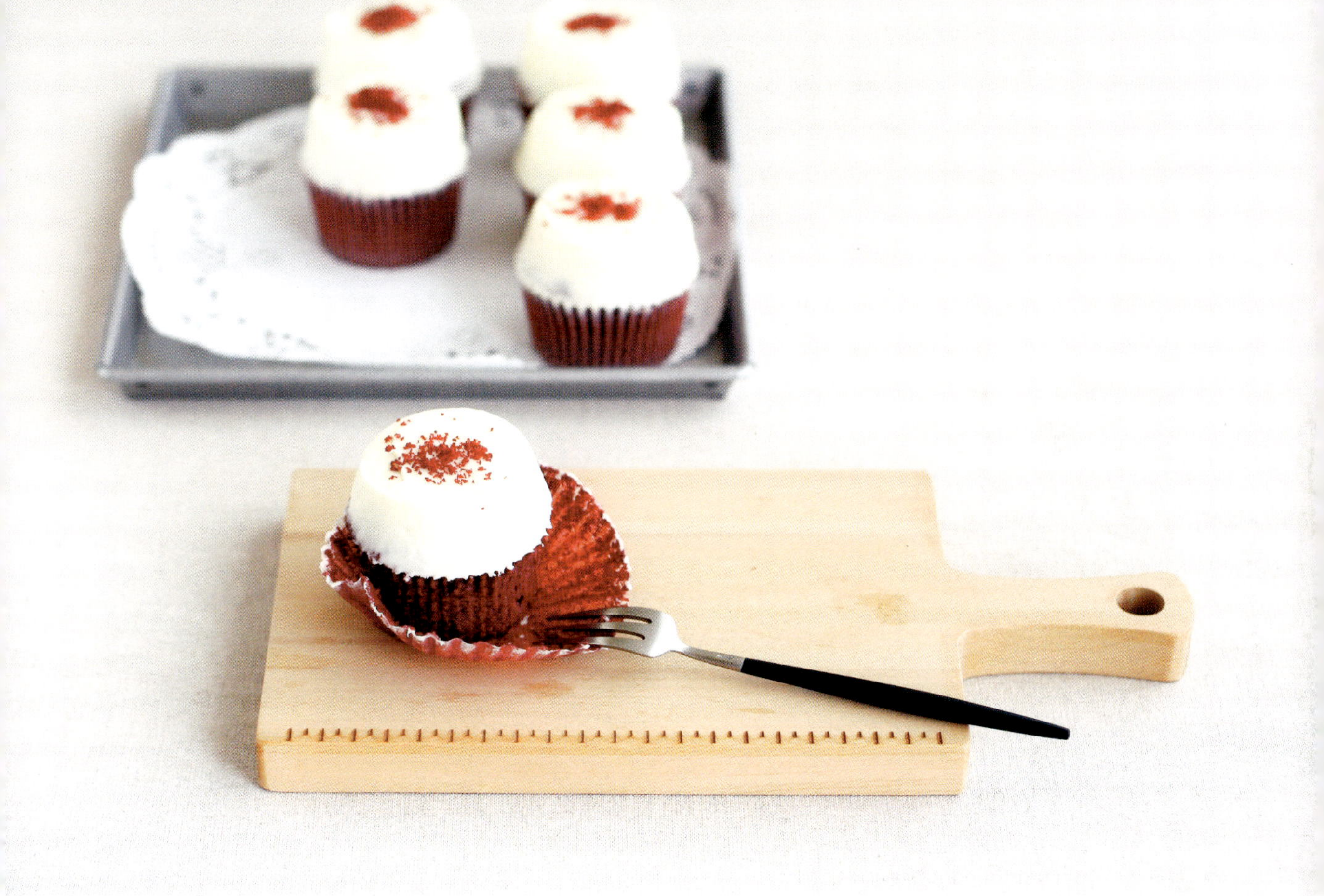

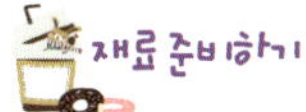
재료 준비하기

분 량 : 일반 머핀틀 10개 정도

재 료 : 버터 80g, 설탕 100g, 소금 약간, 달걀 1개, 달걀노른자 1개, 바닐라빈 약간, 박력분 140g, 무가당 코코아가루 10g,
베이킹파우더 3g, 베이킹소다 1g, 버터밀크 100g, 식초(화이트와인비네거) 10g, 식용색소 레드(윌튼색소 기준) 5g

프로스팅 : 크림치즈 150g, 버터 60g, 슈가파우더 150g, 생크림 20g

도 구 : 믹싱볼, 핸드믹서기(거품기), 주걱, 짤주머니, 머핀틀, 머핀 유산지, 스페튤라, 체

○1 볼에 부드러운 버터를 풀어준 뒤 설탕과 소금을 넣고 고루 섞는다. 버터색이 뽀얗게 고루 잘 섞이면 달걀과 달걀노른자를 한 번에 풀어주고 분리되지 않게 넣어 섞는다.

○2 바닐라빈과 식용색소를 넣어 섞고 버터밀크 도 1/2만 흘려 넣어 고루 섞는다.

○3 박력분과 코코아가루, 베이킹파우더, 베이 킹소다를 한 번에 체에 내려 1/2 정도 넣어 주걱으로 섞는다. 남은 버터밀크와 가루를 모두 넣어 섞는다.

○4 식초(화이트와인비네거)도 넣어 고루 섞는다. 반죽을 깔끔하게 채우기 위해 비닐 짤주머니에 넣어 준비 한다.

05 유산지를 깔아둔 머핀틀에 반죽을 유산지 높이의 60~70% 정도만 채운다. 170℃로 미리 예열된 오븐에 넣어 25~30분 정도 굽는다. 구운 후 식힘망에 식힌다.

06 프로스팅을 만든다. 실온에 미리 꺼내둔 크림치즈를 볼에 넣어 풀어준 뒤 부드러운 버터를 넣고 함께 풀어 섞는다.

07 슈가파우더를 넣어 고루 섞는다. 슈가파우더가 날릴 수 있으니 처음에는 주걱으로 조금 섞고 핸드믹서기로 섞어주면 잘 섞인다. 생크림도 넣어 고루 섞는다.

08 프로스팅을 식힌 컵케이크 위에 듬뿍 떠 올리고, 스페튤라로 옆면을 돌려 깔끔하게 쓸어주며 취향껏 모양을 만든다. 윗면은 평평하게 다듬거나 자연스럽게 바른 자국이 남도록 모양을 내는 것도 좋다.

09 윗면에 뿌려 장식할 케이크 가루를 만든다. 컵케이크를 조금 떼어내어 체에 내려서 고운 가루를 내면 좋다.

10 프로스팅 윗면에 케이크 가루를 조금씩 뿌려 장식하면 완성이다.

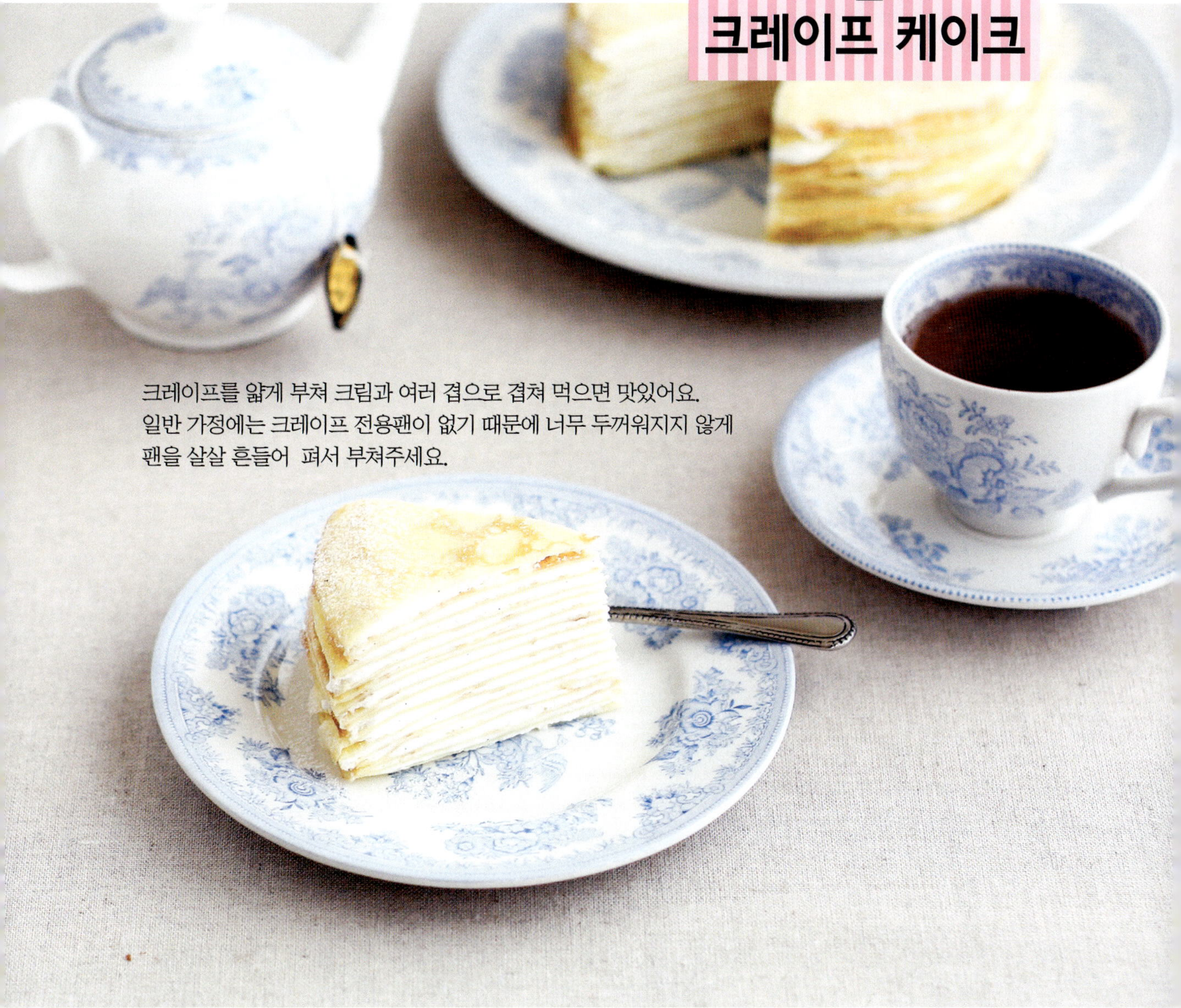

크레이프를 얇게 부쳐 크림과 여러 겹으로 겹쳐 먹으면 맛있어요.
일반 가정에는 크레이프 전용팬이 없기 때문에 너무 두꺼워지지 않게
팬을 살살 흔들어 펴서 부쳐주세요.

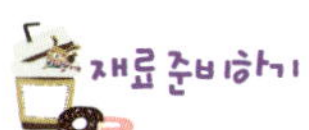

분 량 : 지름 18cm 팬 19장 정도
재 료 : 녹인 버터 약간

    크레이프 반죽 : 박력분 110g, 달걀 3개, 설탕 50g, 우유 370g, 녹인 버터 20g, 소금 약간, 바닐라빈 약간

    크림 : 생크림 250g, 마스카포네치즈 125g, 설탕 48g, 바닐라빈 1/4개

    그 외 : 녹인 버터 약간

도 구 : 믹싱볼, 핸드믹서기, 거품기, 주걱, 프라이팬, 젓가락, 랩, 키친타월, 바트, 스페튤라, 돌림판

○1 **크레이프 반죽을 만든다.** 믹싱볼에 박력분과 설탕, 소금을 체에 내려 넣고, 달걀을 넣어 덩어리가 없도록 거품기로 고루 섞는다. 우유는 한 번에 넣지 말고 조금씩 나눠 넣어가며 섞는다.

○2 바닐라빈과 녹인 버터를 넣어 섞는다. 크레이프 반죽은 묽게 만들어 얇게 구워야 한다. 반죽을 섞은 뒤에 코팅 프라이팬을 중불에 올려 달군다.

○3 녹인 버터를 키친타월에 살짝 묻혀 프라이팬을 한 번 닦아내고 반죽을 얇게 부친다. 대략 30g 정도면 지름 17~18cm로 얇게 부칠 수 있다. 얇은 반죽이기 때문에 대략 1분 30초 정도면 한 쪽 면이 다 익는다. 젓가락 같은 도구로 살살 들어 올려 뒤집어주고 20~30초 정도만 다른 면을 익힌 뒤 꺼낸다.

114

04 익혀낸 크레이프를 접시나 바트에 키친타월을 한 장 깔고 차곡차곡 쌓아 올린다. 마르지 않게 랩을 덮어 계속 반죽을 부치고, 덮은 그대로 식힌다.

05 **크림을 만든다**. 볼에 마스카포네치즈를 넣고 풀어준 뒤 설탕과 바닐라빈을 긁어 넣고 섞는다. 생크림을 1/3 정도만 먼저 넣고 치즈와 잘 섞는다.

06 남은 생크림을 모두 넣고 반죽볼을 얼음물에 담가 차가운 상태를 유지하면서 거품을 올린다. 거품기 돌아가는 자국이 날 정도로 뻑뻑하게 올린다.

07 돌림판에 식혀둔 크레이프를 한 장씩 깔고 크림을 스페튤라로 평평하고 얇게 펴 바른다. 크레이프보다 아주 약간만 도톰하게 발라 쌓아주면 완성이다.

오븐에 넣고 1~2분 뒤에 반죽을 저어 섞어주면
반죽의 기공이 크게 부풀어 오르지 않아 반죽이 균일하게 부풀어요.
조금 귀찮더라도 굽는 초반에 몇 번 고루 저어 섞어주면 촘촘하고 부드러운 카스텔라로 만들 수 있어요.
재료 중 강력분은 박력분으로 대체 가능합니다.
박력분으로 대체하면 조금 더 가벼운 식감의 카스텔라를 만들 수 있어요.

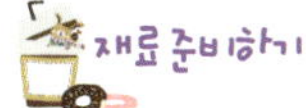
재료 준비하기

분 량 : 20cm×10cm×8.5cm 카스텔라 전용 나무틀 1개
재 료 : 달걀 170g, 노른자 30g, 설탕 100g, 트레할로스 30g, 꿀 25g, 미림 10g, 물 15g, 포도씨오일 30g, 강력분 100g
도 구 : 믹싱볼, 거품기, 핸드믹서기, 주걱, 카스텔라 전용 나무틀, 실패드나 테프론시트, 키친타월(또는 신문), 오븐팬, 랩,
　　　　종이호일이나 유산지, 냄비, 체

01 우선 카스텔라틀을 준비한다. 오븐팬을 2장 겹치고, 그 위에 키친타월이나 신문을 4겹 정도 겹쳐 올린다. 그 위에 실패드나 테프론 시트를 올린 뒤 카스텔라 전용 나무틀을 올리고 종이호일이나 유산지를 안쪽에 틀에 맞게 깐다.

02 냄비에 중탕용 물을 끓여 준비하고 다른 용기에 꿀과 미림, 물을 넣고 중탕으로 따뜻하게 데워 섞는다. 반죽에 넣기 전까지 따뜻함을 유지한다.

03 믹싱볼에 달걀과 노른자를 넣고 한 번 풀어준 뒤 설탕과 트레할로스를 넣고 중탕용 뜨거운 물에 얹어 거품기로 섞는다.

04 설탕이 녹을 정도로 거품기로 저어 섞는다. 설탕이 거의 다 녹아 섞이고 손가락을 달걀물에 담가 따뜻한 느낌이 들면 중탕에서 꺼낸다.

○5 핸드믹서기를 고속으로 달걀물에 거품을 풍성하게 올린다. 뽀얗고 풍성한 거품이 올라올 때쯤 따뜻하게 데워둔 꿀과 미림, 물을 조금씩 흘려 넣으면서 계속 거품을 올린다. 포도씨오일도 조금씩 흘려 넣어 섞는다.

○6 달걀의 거품 기공이 작고 균일하게 올라오도록 핸드믹서기의 속도를 고속 → 중속 → 저속으로 바꾸면서 매끈한 거품으로 만든다. 거품을 떨어뜨려 보았을 때 자국이 살짝 남거나 지그재그를 그리며 떨어지는 정도다.

○7 체에 내린 강력분을 반죽에 넣고 거품기로 크게 크게 저어 섞는다. 가루가 어느 정도 보이지 않으면 주걱으로 반죽을 섞어 마무리한다.

○8 카스텔라틀에 반죽을 채울 때에는 20cm 정도 높이에서 떨어뜨린다. 윗면을 평평하게 하고 180℃로 미리 예열된 오븐에 반죽틀을 넣는다.

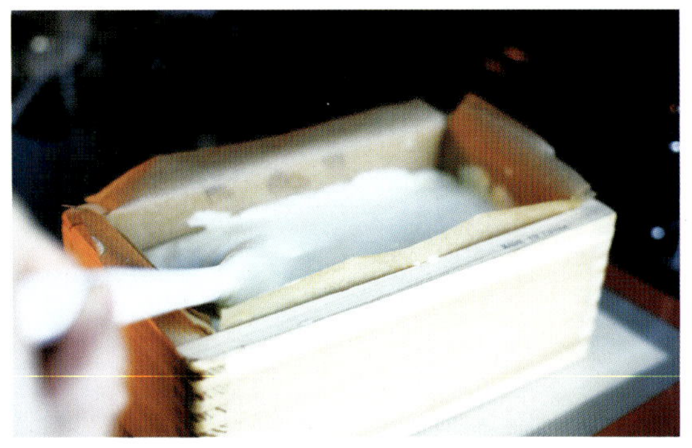

09 180℃ 오븐에 반죽틀을 넣고, 1~2분 뒤에 오븐을 열어 카스텔라 반죽을 주걱이나 스크래퍼로 재빨리 고루 휘휘 저어 섞는다. 다시 1~2분 정도 굽고 주걱으로 반죽을 재빨리 고루 저어 섞고, 1분 뒤 오븐을 열어 한 번 더 저어 섞는다. 오븐의 온도를 150~160℃로 내리고 15~20분 정도 굽는다.

10 15분 정도 지나 윗면의 색이 연한 갈색으로 구워졌으면 테프론시트를 올리고 오븐팬을 덧대어 올려 20분 정도 더 굽는다. 테프론시트와 함께 오븐팬을 덧대지 않고 구워도 괜찮다. 평평한 카스텔라로 굽고 싶을 때 덧대고 굽는다.

11 구워져 나온 카스텔라는 오븐팬 그대로 바닥에 탕탕 두어 번 내리쳐 뜨거운 김을 빼주고, 나무틀에서 분리한 후 랩을 씌워 뒤집어서 식힌다.

12 어느 정도 식은 카스텔라는 감싸준 랩과 종이호일을 벗기고 빵칼로 도톰하게 잘라준다.

치즈케이크를 구울 때 일반 원형틀이면 상관이 없지만
밑이 빠지는 틀이면 중탕물이 들어가지 않도록 호일에 잘 감싸서 중탕으로 구워 주세요.
치즈케이크는 구운 후, 완전히 식혀 냉장고에 보관했다 차갑게 먹으면 훨씬 맛있어요.

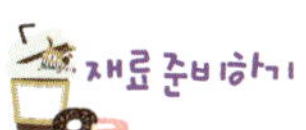
재료 준비하기

분량 : 지름 15cm 원형틀 1개

재료 : 크림치즈 300g, 무가당 플레인 요구르트 200g, 생크림 55g, 설탕 90g, 달걀 2개, 레몬즙 10g, 바닐라빈 1/4개, 옥수수전분 15g

바닥쿠키 : 시판 곡물쿠키 80g, 버터 20g

도구 : 믹싱볼, 핸드믹서기(또는 거품기), 주걱, 종이호일(또는 유산지), 원형틀, 중탕용 깊은 오븐팬 또는 바트, 밀대, 지퍼백, 체

○1 우선 틀 바닥에 넣을 시판 곡물쿠키를 지퍼백에 넣고 밀대로 두드리거나 밀어서 곱게 부순다.
쿠키가루에 부드러운 버터를 넣고 고루 섞는다.

○2 유산지를 깔아둔 원형틀에 버터를 섞은 쿠키를 주걱으로 꾹꾹 눌러주면서 평평하게 깔고, 냉장고에 넣어둔다.

○3 볼에 부드러운 크림치즈를 넣고 풀어준다. 크림치즈가 차가울 경우에 전자레인지에 살짝 돌려 부드럽게 만들어 사용하거나 사용 전에 미리 실온에 꺼내둔다.

○4 무가당 플레인 요거트와 설탕을 넣고 고루 섞는다.

05 달걀을 따로 풀어준 뒤 조금씩 흘려 넣어 고루 섞고, 바닐라빈을 넣은 후 레몬즙을 넣어 섞는다.

06 옥수수전분을 체에 내려 넣고 생크림도 넣어 고루 섞는다.

07 쿠키를 깔아둔 틀에 치즈케이크 반죽을 채우고 깊은 오븐팬이나 큰 바트에 뜨거운 물을 채운다. 반죽팬을 중탕으로 넣고 150℃로 미리 예열된 오븐에 넣어 1시간 정도 굽는다. 오븐에서 꺼내 틀 그대로 완전히 식혀주고 냉장 보관한 뒤에 케이크를 틀에서 분리한다.

캐러멜 아이스크림

캐러멜크림 대신 초콜릿을 중탕으로 녹여서 반죽에 넣어주면 초콜릿 아이스크림이 돼요.
다양하게 재료를 넣고 취향에 맞는 아이스크림으로 만들어보세요.

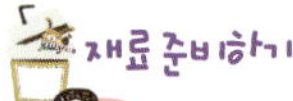

재료 준비하기

분량 : 2인분

재료

캐러멜 크림 : 생크림 150g, 설탕 130g, 물 15g

아이스크림 : 우유 450g, 바닐라빈 1/2개, 설탕 80g, 달걀노른자 5개, 생크림 100g, 캐러멜 크림 100g

도구 : 믹싱볼, 거품기, 체, 냄비, 내열주걱, 밀폐용기, 포크

○1 **캐러멜 크림을 만든다.** 설탕과 물을 냄비에 넣어 약불이나 중불에서 갈색이 되도록 끓인다. 다른 냄비에 생크림도 넣어 살짝 끓인다.

○2 설탕을 녹일 때 처음부터 너무 저으면 결정이 생길 수 있으니 되도록 젓지 말고 녹인다. 갈색으로 될 때까지 끓인다.

○3 불을 끄고 끓인 크림을 조금씩 넣어주면서 섞는다. 고루 섞이면 깨끗한 유리병에 넣어 보관하거나 다른 용기에 옮겨 캐러멜 크림을 완전히 식힌다.

○4 **아이스크림을 만든다.** 냄비에 우유와 생크림, 바닐라빈을 긁어 넣어 살짝 끓이고, 다른 볼에 달걀노른자를 넣고 풀어준 뒤 설탕을 넣어 섞는다. 달걀노른자가 뽀얗게 섞이면 데운 우유와 크림을 조금씩 넣어가며 고루 섞는다.

05 반죽을 모두 냄비로 옮기고 약불이나 중불에 올려 주걱으로 천천히 8자를 그리듯 저어주면서 끓인다. 반죽의 상태가 약간 걸쭉해지면서 온도는 84℃ 정도가 되도록 천천히 끓인다. 주걱이나 스푼으로 반죽을 떠서 손가락으로 긁어보고 긁힌 자국이 선명하게 유지되는 정도면 된다.

06 반죽을 체에 걸러 볼에 넣고 미리 만들어둔 캐러멜 크림을 넣어 섞고 완전히 식힌다.

07 식힌 아이스크림 반죽을 뚜껑 있는 용기에 넣어 냉동고에 넣는다. 아이스크림이 80% 정도 굳었을 때 꺼내 포크로 박박 긁어 고루 섞는다. 이렇게 완전히 얼기 전에 긁어주는 과정을 세 번 정도 반복하고 냉동고에 넣어두었다가 먹으면 된다.

코코넛 스콘

스콘은 구워서 바로 먹을 때가 가장 맛있어요.
그렇지 않고 다음날이나 며칠 뒤에 먹을 때에는 전자레인지에 살짝 돌려주거나
오븐토스터기에 살짝 데워 먹으면 좋아요.
잼이나 클로티드 크림을 함께 곁들여 먹으면 맛있답니다.

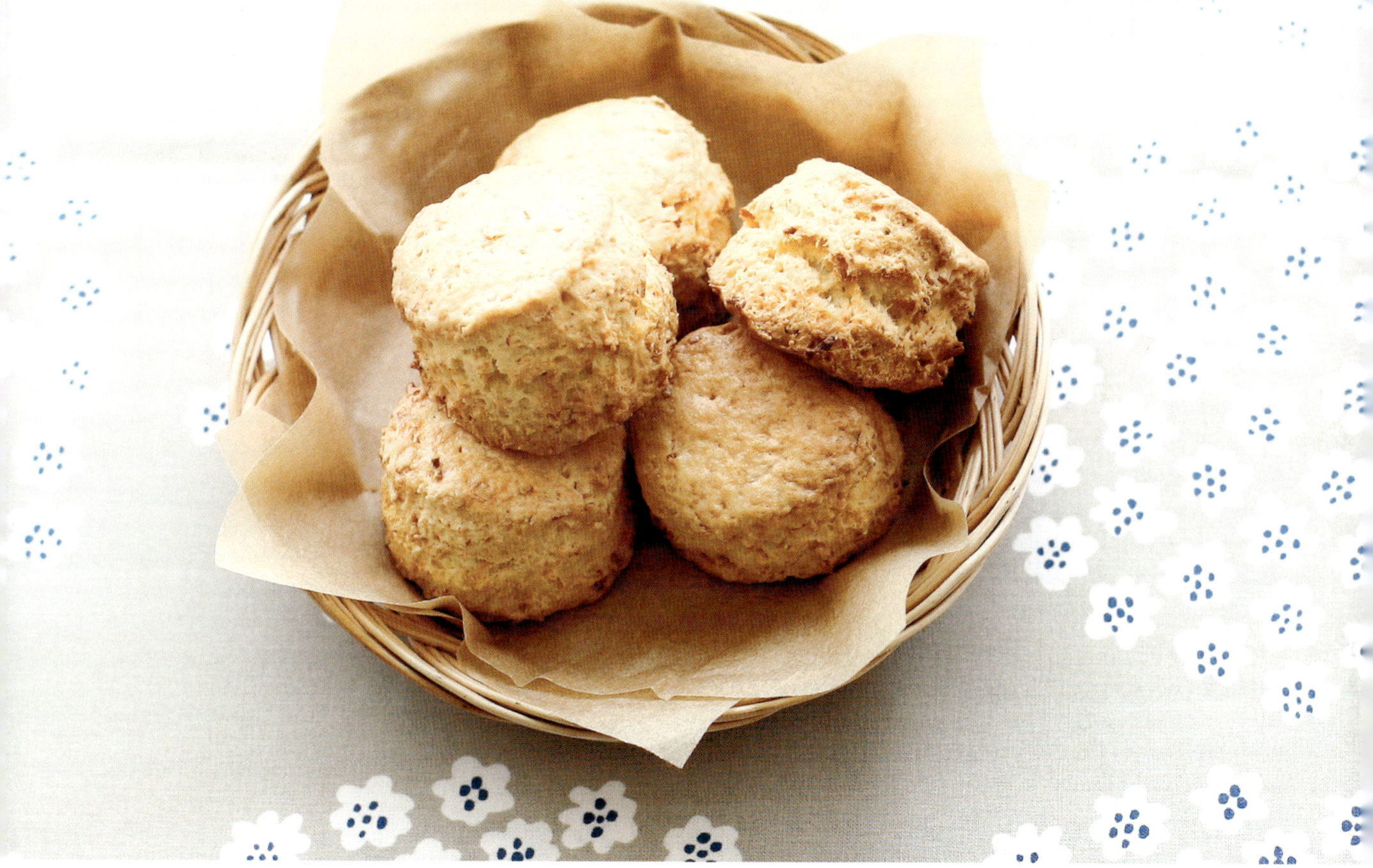

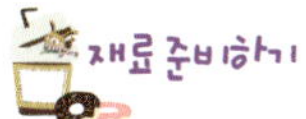

분량 : 지름 5cm 원형쿠키틀 8~9개

재료 : 코코넛채 30g, 박력분 150g, 베이킹파우더 6g, 소금 1g, 설탕 30g, 버터 50g, 코코넛 밀크 70g, 코코넛밀크 약간(반죽에 바름용), 덧가루용 박력분 약간

도구 : 믹싱볼, 스크래퍼, 지름 5cm 원형쿠키틀, 밀대, 비닐팩, 오븐팬, 붓

○1 믹싱볼에 박력분과 베이킹파우더, 소금, 설탕을 한 번에 체에 내려 넣고 코코넛채도 넣어 스크래퍼로 슬슬 섞는다. 차가운 버터를 잘라 넣고 스크래퍼로 버터를 잘게 잘라주면서 가루와 섞는다.

○2 버터가 잘게 잘려 밀가루와 보슬보슬 고루 섞여 소보로 상태가 되도록 한다. 코코넛밀크를 반죽 중심에 넣고 스크래퍼로 슬슬 섞어 뭉친다.

○3 비닐팩에 반죽을 넣고, 스크래퍼나 손으로 꾹꾹 눌러 대충만 뭉쳐서 냉장고에 30분 정도 넣어 휴지한다.

○4 작업대 위에 덧가루를 약간만 뿌리고, 휴지한 반죽을 꺼내 스크래퍼로 절반 정도 잘라준 뒤 위아래 겹쳐 올린다. 밀대로 겹쳐준 반죽을 길게 민다.

○5 반죽을 스크래퍼로 반으로 자른다. 다시 반죽을 겹쳐서 밀대로 민다.

○6 반죽을 최종적으로 2cm 두께로 밀어준 후 원형쿠키틀로 찍는다. 찍은 반죽을 오븐팬 위에 올리고 윗면에 코코넛밀크를 붓으로 바른다. 180℃로 미리 예열한 오븐에 넣어 18~20분 정도 굽는다.

말차 화이트초콜릿 롤케이크

화이트초콜릿을 넣어 만드는 가나슈크림 대신
차가운 생크림에 설탕을 10% 정도 넣고 말차가루를 넣어
휘핑한 말차 생크림으로 만들어도 좋아요.

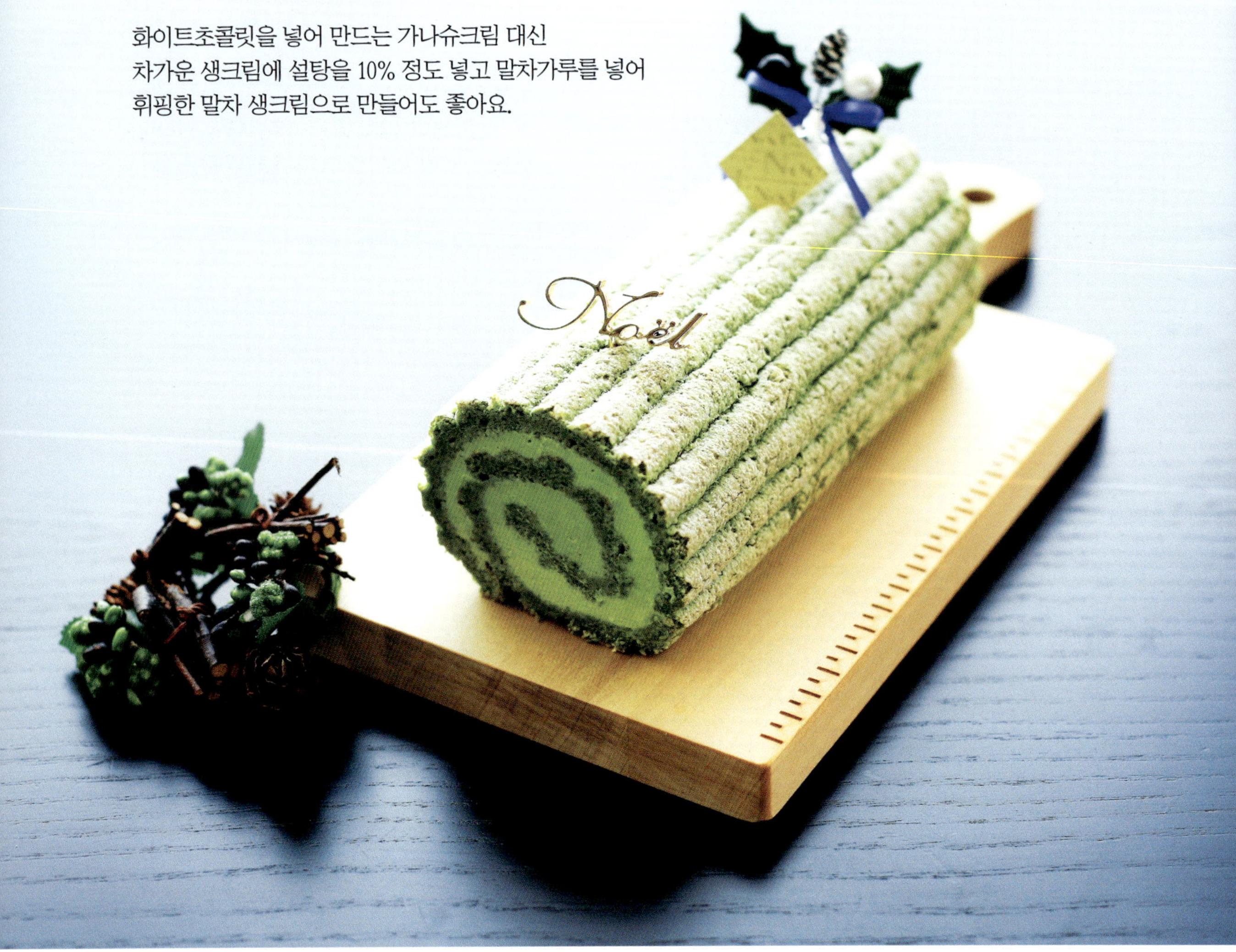

재료 준비하기

분 량 : 25cm×35cm 오븐팬 1개

재 료

다쿠아즈 시트 : 달걀흰자 140g, 설탕 35g, 슈가파우더 80g, 아몬드가루 80g, 박력분 25g, 말차가루 8g,
슈가파우더 약간

말차가나슈크림 : 화이트초콜릿 100g, 생크림 250g, 말차가루 5g

도 구 : 믹싱볼, 거품기, 체, 주걱, 짤주머니, 원형깍지, 종이호일이나 유산지, 스페튤라, 냄비, 빵칼

130

○1 **가나슈크림을 만든다.** 중탕으로 녹인 화이트 초콜릿에 살짝만 데운 생크림을 섞어 식힌 뒤 랩을 덮어 냉장고에 하룻밤이나 반나절 정도 넣어 차가운 상태로 사용한다.

○2 **다쿠아즈 시트를 만든다.** 달걀흰자를 볼에 넣고 거품을 몽글몽글 풍성하게 올린 후 설탕 절반을 넣고 거품을 올린다. 남은 설탕도 두 번에 나눠 넣어 뿔이 뾰족하게 서는 단단한 머랭으로 만든다.

○3 슈가파우더와 아몬드파우더, 박력분, 말차가루를 한 번에 체에 내려서 넣고 주걱으로 크게 크게 재빨리 저어 가루가 보이지 않게 섞는다. 반죽을 지름 1cm 원형깍지를 끼운 짤주머니에 넣는다.

04 유산지를 깔아둔 팬에 말아주는 방향인 가로 방향으로 짠다. 다쿠아즈 반죽 윗면에 슈가 파우더를 체로 솔솔 두 번 정도 뿌린다.

05 180℃로 미리 예열된 오븐에 넣고 10분 정도 굽는다. 다쿠아즈는 너무 오래 구우면 부서지기 쉬우니 짧게 굽는다. 구운 후 팬에서 분리해 식힘망에서 한김 식힌 뒤 바로 크림을 발라 만다.

06 반나절 정도 차갑게 보관한 화이트초콜릿 가나슈에 말차가루를 넣고 휘핑한다. 거품기 돌아가는 자국이 거칠게 날정도로 아주 단단하게 휘핑한다.

07 휘핑한 크림을 한김 식힌 다쿠아즈 시트에 스페튤라로 평평하게 펴 바른다. 맨 끝의 말리는 끝부분은 1cm 정도 여유를 남기고 크림을 바른다.

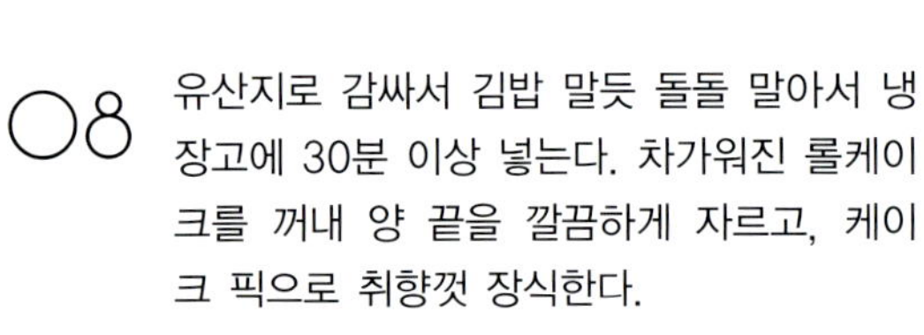

08 유산지로 감싸서 김밥 말듯 돌돌 말아서 냉장고에 30분 이상 넣는다. 차가워진 롤케이크를 꺼내 양 끝을 깔끔하게 자르고, 케이크 픽으로 취향껏 장식한다.

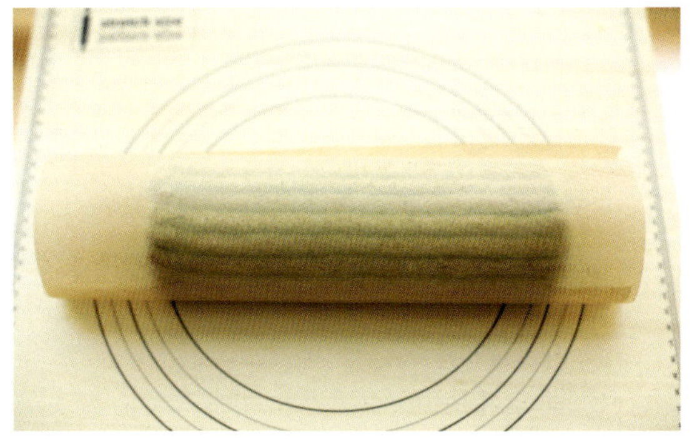

소금 캐러멜 마카롱

캐러멜 크림은 버터를 섞어 버터 카라멜 크림을 만들어 샌드하면 좋지만,
캐러멜 크림 자체만으로도 깨끗한 유리병에 보관하여 냉장고에 넣어두고
스프레드로 먹거나 선물해도 좋답니다.

재료 준비하기

분 량 : 크림 샌드한 마카롱으로 20~22개 정도

재 료

　마카롱 : 흰자 55g, 설탕 40g, 난백가루 1g(생략 가능), 아몬드가루 60g, 분당(슈가파우더) 90g,
　　　　　식용색소(브라운과 골든 옐로우) 약간

　※ 캐러멜 색을 낼 때 색소 대신 커피엑기스를 넣어도 돼요.

　캐러멜 크림 : 설탕 50g, 물엿 25g, 생크림 75g, 플뢰르드셀(천일염) 1g, 버터 15g, 나중에 섞을 버터 70g

도 구 : 냄비, 내열주걱, 체, 믹싱볼, 거품기, 핸드믹서, 오븐팬, 테프론시트, 분쇄기(푸드프로세서), 스크래퍼, 원형깍지,
　　　비닐 짤주머니

○1 **캐러멜 크림을 만든다.** 냄비에 설탕과 물엿을 넣고 중불에서 천천히 설탕을 녹여 끓인다. 다른 냄비에 생크림과 플뢰르드셀(천일염)을 넣고 살짝 끓인다.

○2 설탕과 물엿이 연한 갈색을 띄는 정도로 캐러멜화 되면 살짝 끓인 생크림을 조금씩 흘려 넣으며 고루 섞는다.

○3 불을 끄고 부드러운 버터를 넣고 섞는다.

○4 다른 용기에 옮겨 충분히 식힌다.

○5 **마카롱을 만든다.** 마카롱 반죽에 들어가는 아몬드가루와 분당은 한 번에 계량해준 뒤 푸드프로세서(분쇄기)에 넣고 살짝만 돌려 고루 섞어 사용한다. 살짝 갈아 섞은 재료를 꺼내어 다시 체에 두 번 정도 내려서 준비한다.

06 믹싱볼에 흰자와 난백가루를 넣고 약간 거품을 올린다. 설탕을 절반 정도 넣고 계속 거품을 단단하게 올린다.

07 남은 설탕도 두 번 정도 나눠 넣으며 뿔이 뾰족하게 서는 단단한 머랭으로 거품을 올린다. 어느 정도 단단해진 머랭에 브라운 색소를 살짝 찍어 넣어 섞고, 골든 옐로우 색소도 아주 조금만 찍어 넣고 섞는다.

08 원하는 색이 나오면 좀 더 돌려 섞어 단단한 머랭으로 만든다. 색소의 양은 원하는 색상이 나오는 정도로 조절하면 좋다.

09 아몬드가루와 분당을 모두 넣고 주걱으로 가루가 보이지 않게 고루 섞는다.

10 스크래퍼로 반죽을 으깨듯 볼에 치대 섞는다.

11 처음 섞었을 때보다는 반죽이 매끄러워지고 윤기가 나는 정도로 섞으면 된다.

12 너무 오래 치대 섞으면 너무 묽어지니 반죽을 떨어뜨려 보았을 때 리본을 그리며 떨어지는 상태로 떨어진 자국이 천천히 사라지는 정도면 된다. 너무 묽어지면 반죽을 짰을 때 너무 퍼질 수 있고 오븐에 넣었을 때 잘 부풀지 않을 수 있으니 주의한다.

13 지름 0.8cm~1cm 정도의 원형깍지를 끼운 짤주머니에 반죽을 담는다.

14 테프론시트를 깔아둔 오븐팬 위에 반죽을 동그랗고 작게 짠다. 지름이 약 3cm 크기로 짜면 된다. 적당한 간격을 두어야 구웠을 때 들러붙지 않는다. 오븐팬의 아랫부분을 손으로 통통 몇 번 쳐서 반죽을 약간 더 퍼지게 만들고 실온에서 그대로 30분~1시간 정도 말린다. 손으로 만져보았을 때 반죽이 묻지 않는 정도가 되도록 말린다. 160℃로 미리 예열해둔 오븐에 넣고 온도를 130도로 내려준 뒤 15분 정도 굽고, 마카롱 껍질을 오븐에서 꺼내 바로 팬에서 들어내어 식힌다.

15
샌드할 크림을 만든다. 볼에 실온에 두어 부드러워진 버터를 볼에 넣고 거품기로 재료가 잘 섞일 수 있도록 푼다.

16 충분히 식힌 카라멜 크림을 세 번 정도 나눠 넣어 고루 섞는다.

17 버터와 카라멜 크림이 뽀얗게 섞일 정도로 만든다.

18 마카롱에 샌드하기 수월하도록 원형깍지를 끼워둔 짤주머니에 넣어 준비한다.

19 마카롱 껍질은 비슷한 크기대로 두 장씩 짝을 맞춰 한쪽에 크림을 듬뿍 짜고, 다른 한쪽으로 덮어 소금 캐러멜 마카롱을 완성한다.

마카롱의 반죽을 일정한 크기로 짜려면 미리 원하는 크기와 간격을 맞춰 종이에 펜으로 그린 뒤 테프론시트 아래 받치면, 비춰지는 모양대로 짤 수 있어 수월하답니다. 반죽을 짠 뒤에는 종이는 꼭 빼고 구워주세요.

스위트 포테이토 쿠키

푸드프로세서나 분쇄기를 사용해서 쿠키를 만들면 좀 더 빠르고 손쉽게 반죽을 만들 수 있어요.
하지만 없는 경우에는 손으로 만들어도 됩니다.

재료준비하기

분량 : 길이 3cm 35~40개 정도

재료 : 버터 80g, 설탕 60g, 소금 약간, 익힌 고구마 180g, 박력분 120g, 옥수수전분 10g, 노른자 2개, 검은깨 약간

도구 : 푸드프로세서(또는 분쇄기), 볼, 오븐팬, 스푼

01 우선 고구마를 오븐 등에 굽거나 쪄서 익힌다.

02 푸드프로세서에 박력분, 옥수수전분, 설탕, 소금을 넣고 돌려 섞는다. 버터를 잘라 넣고 가루와 잘 섞여 보슬보슬한 상태로 섞는다.

03 노른자와 완전히 식혀둔 고구마를 넣고 돌려 섞는다. 대충 반죽이 하나로 뭉쳐지기 시작하면 그만 돌린다. 너무 오래 돌리면 쿠키가 단단해질 수 있다.

04 작은 스푼으로 쿠키 모양을 만든다. 반죽을 조금씩 떠서 두 개의 스푼을 사용해 한 면을 꾹꾹 눌러서 모양을 만든다. 약간 송편모양 같은 삼각 모양으로 살짝 살짝 눌러주면서 모양을 만든다.

05 너무 크게 모양을 잡으면 굽는 시간이 오래 걸리니 한 입에 쏙쏙 들어갈 수 있게 작게 만든다.

06 모양 잡은 반죽을 팬 위에 올리고 위에 검은깨를 조금씩 올려붙인다. 170℃로 미리 예열된 오븐에 넣어 20~25분 정도 타지 않도록 굽는다.

일반적으로 마트에 팔고 있는 흑설탕 말고 오키나와 흑설탕으로 사용해주세요.
오키나와 흑설탕은 사탕수수의 즙을 끓여 만드는 비정제 설탕이기 때문에
베이킹에 사용하면 특유의 풍미가 느껴져서 맛이 훨씬 좋아요.
오키나와 흑설탕이 없을 때에는 마스코바도 비정제 흑설탕을 사용해도 됩니다.

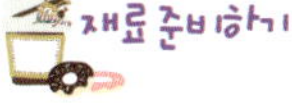
재료 준비하기

분 량 : 일반 마들렌 크기로 18~20개 정도

재 료 : 달걀 2개, 오키나와 흑설탕(흑당) 100g, 소금 약간, 버터 120g, 꿀 20g, 생크림(우유 대체 가능) 30g, 박력분 120g,
베이킹파우더 3~4g, 반죽에 따로 넣을 덩어리 오키나와 흑설탕 15~20g(없으면 생략 가능), 틀에 바를 버터 약간

도 구 : 믹싱볼, 거품기, 냄비, 마들렌틀, 붓, 주걱, 칼, 짤주머니

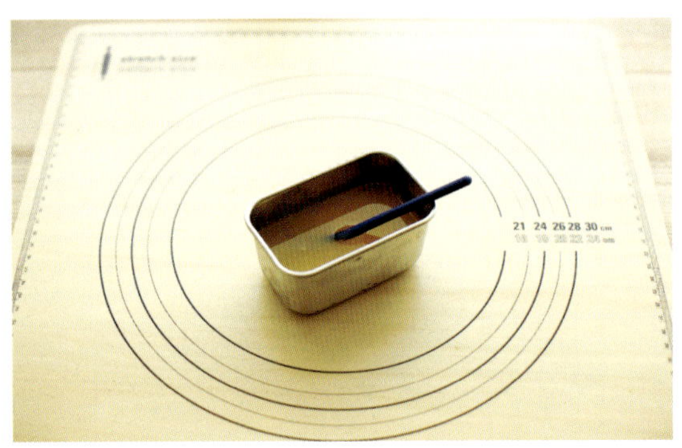

○1 마들렌틀에 붓으로 버터를 약간씩만 발라둔다. 반죽에 들어가는 버터는 중탕으로 녹여 꿀을 섞어둔다. 덩어리로 된 오키나와 흑설탕이 있으면 조금만 다져서 준비한다(생략 가능).

○2 차갑지 않은 달걀을 볼에 넣고 풀어서 흑설탕과 소금을 넣고 거품기로 설탕이 녹을 정도로만 섞는다. 적당히 섞이면 생크림을 넣고 섞는다.

03 다른 볼에 박력분과 베이킹파우더를 두 번 정도 체에 내려 담고, 달걀 반죽을 두 번에 나눠 넣어가며 거품기로 섞는다. 따뜻하게 섞어둔 버터와 꿀을 넣고 거품기로 고르게 섞는다.

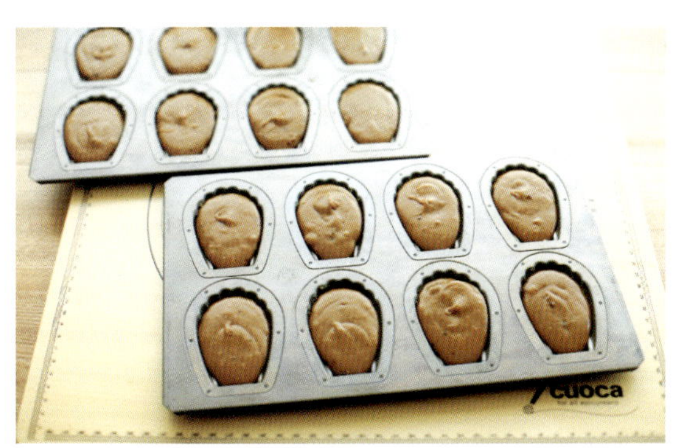

04 반죽에 다진 흑설탕을 넣는다(생략 가능). 반죽을 짤주머니에 넣어 틀 높이의 90% 정도로 채우고, 오븐은 미리 200℃로 예열했다가 반죽틀을 넣고 온도를 180℃로 내려서 10~12분 정도 굽는다.

삼색 마블 피낭시에

백련초가루나 단호박가루 등 다양한 색상의
파우더를 추가해서 여러 가지 색상으로 만들어도 됩니다.
피낭시에를 만들 때 달걀흰자의 거품을 많이 올리지 않도록 주의하세요.
거품을 많이 올리면 많이 부풀수도 있기 때문에 되도록
부풀지 않도록 거품을 많이 올리지 않는 편이 좋아요.

재료 준비하기

분량 : 피낭시에틀 10~12개 정도

재료 : 달걀흰자 115g, 설탕 120g, 소금 약간, 바닐라빈 약간, 버터 120g, 박력분 35g, 옥수수전분 5g, 아몬드가루 45g, 코코아가루 6g, 말차가루(녹차가루) 3g, 틀에 바를 버터 약간

도구 : 믹싱볼, 거품기, 냄비, 피낭시에틀, 붓, 체, 비닐 짤주머니

144

○1 냄비에 버터를 넣고 연한 갈색이 될때까지 끓인다. 헤이즐넛 향이 나도록 끓인 버터를 체에 거른다. 피낭시에틀에 붓으로 버터 칠을 하고 냉장고에 넣어둔다.

○2 볼에 흰자를 넣고 멍울이 없어지도록 풀어준 뒤 설탕과 소금 약간을 넣고 섞는다. 설탕이 어느 정도 녹아 섞이면 바닐라빈을 약간만 넣어 섞는다(생략가능). 박력분과 아몬드가루를 넣을 때 옥수수전분도 함께 체에 내려 넣는다.

○3 끓인 버터를 두세 번 정도 나눠 넣어가며 섞는다.

○4 삼색 반죽으로 만들기 위해 반죽을 2개의 볼에 130~135g씩 나눠 담고, 남은 기본 반죽은 비닐 짤주머니에 넣어둔다. 나눈 반죽에 각각 말차가루와 코코아가루를 체에 내려 넣고 섞고, 각 비닐 짤주머니에 넣는다.

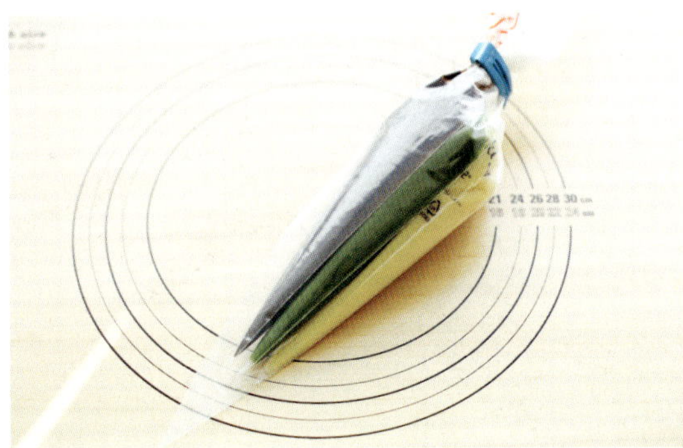 

○5 좀 더 큰 비닐 짤주머니에 세 가지 반죽 주머니를 가지런하게 넣고, 세 가지 반죽이 한 번에 나올 수 있도록 입구를 자른다. 피낭시에틀에 삼색 반죽을 한 번에 짜서 채운다. 180℃로 미리 예열된 오븐에 넣어 10~13분 정도 굽는다. 구운 후 틀에서 바로 분리하여 한김 식히고 포장한다.

기본 팬케이크

팬케이크를 구울 때는 팬에 오일을 많이 두르지 말고 키친타월로 닦는 것처럼 발라주세요.
구울 때 딱 한 번만 뒤집어야 윗면 색이 예쁘고 고르게 잘 나와요.
여러 번 뒤집으면 얼룩이 생겨 색감이 예쁘지가 않답니다.
반죽에 들어가는 버터는 식용유로 대체하거나 생략해도 무방해요.

분량 : 지름 10cm 크기 8개 정도

재료 : 달걀 1개, 설탕 20g, 소금 약간, 녹인 버터 10g, 박력분 100g, 옥수수전분 5g, 베이킹파우더 5g, 우유 100g,
식용유 약간, 버터 약간, 메이플시럽 약간, 치즈나 생크림 약간

도 구 : 볼, 거품기, 국자, 프라이팬, 체, 키친타월

01 반죽에 들어가는 버터는 미리 전자레인지나 중탕으로 녹여둔다. 볼에 달걀을 풀어 넣고, 설탕과 소금을 넣어 섞는다. 설탕이 녹을 만큼만 섞고 우유를 넣어 섞는다.

02 박력분과 옥수수전분, 베이킹파우더를 한 번에 체에 내려 넣고 고루 섞는다. 녹인 버터도 반죽에 넣어 섞는다.

○3 팬을 중불에서 달구고 식용유를 키친타월에 살짝 발라 팬을 닦는다. 반죽을 국자로 적당히 떠올려서 천천히 약불이나 중불에서 굽는다.

○4 팬케이크는 자주 뒤집지 말고 거품이 뽁뽁 올라오는 정도가 될 때 한 번만 뒤집는다. 적당히 익혀 버터를 위에 올리고 메이플시럽을 뿌려서 먹으면 된다. 생크림이나 마스카포네치즈를 곁들여 먹어도 좋다.

시트론 진저 에이드

저장할 유리용기는 끓는 물에 넣어 열탕소독을 하거나,
열탕이 되지 않는 유리용기일 경우라면 뜨거운 물로 병 안쪽을 씻은 후
식재료 전용 소독용 알코올을 뿌려 소독한 뒤 사용해주세요.

 재료 준비하기

분 량 : 저장 유리용기 1리터
재 료
　　　　에이드 : 얼음, 탄산수
　　　　레몬 생강청 : 작은 레몬 5개, 설탕 500g, 생강 100g, 베이킹소다나 굵은 소금 적당히
　도 구 : 레몬 생강청 저장 유리용기, 냄비

○1 레몬을 세척한다. 베이킹소다나 굵은 소금으로 레몬 껍질을 꼼꼼하게 박박 문질러 닦는다. 끓는 물에
레몬을 넣고 살살 굴려준 뒤 찬물에 담가서 다시 깨끗하게 세척한다.

○2 생강은 흙을 씻어 껍질을 수저로 박박 긁어서 제거하고 깨끗하게 씻는다. 레몬과 생강은 얇게 슬라이스
하고, 레몬의 씨는 꼭 빼서 제거한다.

03 레몬 1개당 설탕 100g 정도로 잡아서 유리병에 넣는다. 슬라이스한 레몬과 생강을 병에 조금 깔고 설탕을 채우고, 다시 레몬과 생강을 조금 깔고 설탕을 채우는 방식으로 재료들을 켜켜이 병에 채운다. 마지막으로 윗부분에 남은 설탕을 듬뿍 채워주고 뚜껑을 닫는다.

04 설탕이 녹아 잘 재워지도록 하루 정도 실온에 두었다가 냉장 보관하고, 3~4일 정도 지난 후 에이드로 만들면 좋다. 시트론 진저에이드는 유리컵에 얼음을 채우고 레몬 생강청을 2스푼 정도 듬뿍 넣고 탄산수를 채워 섞으면 완성이다.

딸기청 만드는 방법은 잼 만드는 방법과 같지만 잼에 비해
설탕이 적게 들어가 며칠 내로 소진하는 것이 좋아요.
좀 더 오래 보관하려면 설탕을 약간 늘려서 만들어야 합니다

재료 준비하기

분 량 : 2~3인 분량

재 료

    딸기청 : 딸기 300g, 설탕 90g, 레몬즙 2ts

    딸기라떼(1인분) : 딸기청 100g, 우유 150g, 얼음 약간, 생딸기 3알

    ※ 컵이 크면 만든 딸기청을 절반으로 나눠 2인 분량으로 나누면 됩니다.

도 구 : 냄비, 내열주걱, 유리컵, 저장 유리용기

○1 딸기를 깨끗이 씻어 반으로 자르고 설탕과 레몬즙과 함께 냄비에 넣고 고루 섞는다.

○2 중불에 올려 계속 주걱으로 저어주면서 뭉근하게 끓인다. 딸기를 으깨면서 15분 정도 끓여 약간 걸쭉한 딸기청을 만든다. 딸기청을 바로 먹지 않을 때에는 열탕 소독한 유리병에 담아 보관한다.

03 딸기라떼에 넣을 생딸기를 3알 정도 자른다. 식힌 딸기청 100g 정도와 생딸기를 컵에 넣는다.

04 딸기청과 생딸기는 취향에 맞게 더 넣어도 된다. 시원하게 얼음을 채우고 그 위에 우유를 채운다. 먹기 직전에 섞어서 마시면 된다.

후람보아즈 (라즈베리)마카롱

마카롱을 만들 때 사용하는 흰자는 하루나 이틀 전에 미리 흰자만을 분리해서 냉장 보관했다가
사용하기 한 두 시간 전에 꺼내두세요. 크림을 만들 때 사용하는 아몬드페이스트(마지팬)나 버터 역시
미리 꺼내 차갑지 않은 상태일 때 사용해주세요.

재료 준비하기

분 량 : 크림 샌드한 마카롱으로 20~22개 정도

재 료

    마카롱 껍질(꼬끄) : 흰자 55g, 설탕 40g, 난백가루 1g(생략 가능), 아몬드가루 60g, 분당(슈가파우더) 90g,
        식용색소 로즈색상 약간

    후람보아즈(라즈베리) 퓨레 : 냉동 라즈베리 200g, 설탕 25g, 레몬즙 5g

    후람보아즈 버터크림 : 아몬드페이스트(초콜릿필링용 마지팬) 50g, 버터 50g, 라즈베리 퓨레 40g, 라즈베리 리큐르 5g

    후람보아즈 가나슈 : 화이트초콜릿 80g, 생크림 20g, 라즈베리 퓨레 50g, 버터 10g, 라즈베리 리큐르 3g

    ※ 크림이 2가지이기 때문에 모두 다 만들 경우에는 마카롱 껍질(꼬끄) 재료를 2배 분량으로 만들어주세요.

도 구 : 냄비, 내열주걱, 체, 믹싱볼, 거품기, 핸드믹서, 오븐팬, 테프론시트, 분쇄기(푸드프로세서), 스크래퍼,
    원형깍지, 비닐 짤주머니

156

○1 후람보아즈(라즈베리) 퓨레를 만든다. 시판을 사용해도 좋지만, 간단하게 냉동 라즈베리를 끓여 식혀 사용하면 좋다. 냄비에 냉동 라즈베리와 설탕, 레몬즙을 넣고 섞는다.

○2 중불에 올려 저으며 끓인다. 끓기 시작하면서부터 5분 정도 더 끓이면 된다. 끓는 중간에 올라오는 거품은 걷어내고, 약간 걸쭉한 상태가 되면 불에서 내려 완전히 식힌 뒤 크림에 사용한다.

○3 마카롱을 만든다. 마카롱 반죽에 들어가는 아몬드가루와 분당은 한 번에 계량한 뒤 푸드프로세서에 넣고 잠깐만 돌려 갈고, 고루 섞어 사용한다. 재료를 꺼내 체에 두 번 정도 내려 준비해둔다.

○4 믹싱볼에 흰자와 난백가루를 넣고 약간만 거품을 올린다. 설탕을 절반 정도 넣고 계속해서 거품을 단단하게 올린다. 거품을 살짝 올리지 않고 처음부터 설탕을 바로 넣으면 설탕 무게 때문에 거품이 잘 올라오지 않을 수 있다.

05 남은 설탕을 두 번에 나눠 넣으며 뿔이 뾰족하게 서는 단단한 머랭으로 만든다. 어느 정도 단단해진 머랭에 로즈색의 식용색소를 꼬치로 살짝 찍어 넣어 섞는다. 레드색이 있으면 약간 더 섞어도 좋다.

06 원하는 색이 나오면 좀 더 섞어 단단한 머랭으로 만든다.

07 두 번 체 친 아몬드가루와 분당을 모두 넣고, 주걱으로 가루가 보이지 않게 고루 섞는다.

08 가루가 보이지 않게 섞이면 스크래퍼로 반죽을 으깨듯 볼에 치대 섞는다.

09 이 과정을 마카로나주라고 하는데 머랭의 거품을 약간 가라앉히는 과정이다. 이 과정에서 으깨 치대는 과정이 부족할 때에는 마카롱이 거칠고 윤기가 나지 않으며, 너무 과했을 때에는 반죽이 묽고 잘 퍼져 오븐에서 잘 부풀지 않을 수 있으니 주의한다.

10 처음보다는 반죽이 매끄러워지고 윤기가 나는 상태가 된다.

11 반죽을 떨어뜨려 보았을 때 리본을 그리며 떨어지는 상태로 떨어진 자국이 천천히 사라지면 적당한 상태이다.

12 지름 0.8cm의 원형깍지를 끼운 짤주머니에 반죽을 담는다. 지름 1cm의 원형깍지를 사용해도 되지만, 마카롱을 작게 만들 경우 지름이 작은 원형깍지를 사용해야 예쁘고 작게 짤 수 있다.

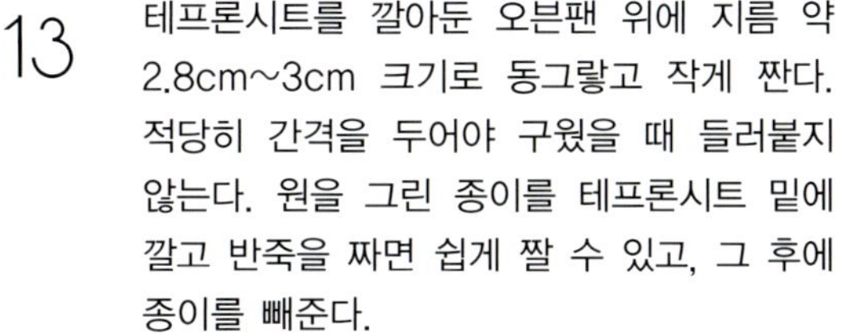

13 테프론시트를 깔아둔 오븐팬 위에 지름 약 2.8cm~3cm 크기로 동그랗고 작게 짠다. 적당히 간격을 두어야 구웠을 때 들러붙지 않는다. 원을 그린 종이를 테프론시트 밑에 깔고 반죽을 짜면 쉽게 짤 수 있고, 그 후에 종이를 빼준다.

14 반죽을 짜고 오븐팬의 아랫부분을 손으로 몇 번 쳐서 반죽을 약간 더 퍼지게 만들고, 실온에서 그대로 30분~1시간 정도 말린다. 손으로 만져보았을 때 반죽이 묻지 않고 살짝 눌리는 정도가 되도록 말린다. 160℃로 미리 예열해둔 오븐에 넣고 온도를 130℃로 내린 뒤 15분 정도 굽는다. 구운 마카롱 껍질은 오븐에서 꺼내 테프론시트째로 바로 팬에서 들어내어 식힌다.

15 실온에 미리 꺼내둔 아몬드페이스트(마지팬)를 볼에 넣고 부드러워지도록 고루 풀어준 뒤 부드러운 포마드 상태의 버터를 조금씩 나눠 넣어가며 고루 섞는다. 아몬드페이스트가 풀리지 않을 수 있으니 처음에는 주걱으로 풀어 섞고 버터색이 뽀얗게 되도록 거품기로 계속해서 섞는다.

16 라즈베리 퓨레도 넣고 섞는다. 라즈베리 퓨레가 없으면 라즈베리 잼을 사용해도 된다.

17 라즈베리 리큐르가 있으면 넣고 고루 섞는다.

18 작은 원형깍지를 끼운 짤주머니에 크림을 넣어서 준비한다.

19 **후람보아즈 가나슈를 만든다.** 중탕으로 화이트초콜릿과 생크림을 넣고 녹인 후, 살짝 데운 라즈베리 퓨레도 섞는다. 반죽이 따뜻할 때 부드러운 버터도 넣어 섞고, 원형깍지를 끼운 짤주머니에 넣는다.

20 식힌 마카롱 껍질에 만든 크림을 듬뿍 짜서 샌드한다. 가나슈는 만들고 바로 짤 경우 약간 묽어서 샌드하기 어려울 수 있으니 냉장고에 잠시 크림을 넣어두었다가 샌드하면 수월하다.

21 샌드한 마카롱은 바로 밀봉 포장한다. 마카롱을 오래 보관하려면 밀봉으로 냉동 보관했다가 실온에서 해동하면 된다. 마카롱을 먹을 때 역시 냉장고나 냉동고에서 꺼냈을 때 바로 먹기보다는 살짝 실온에 놔두었다가 크림과 마카롱 껍질이 잘 어우러졌을 때 먹으면 더 맛있다.

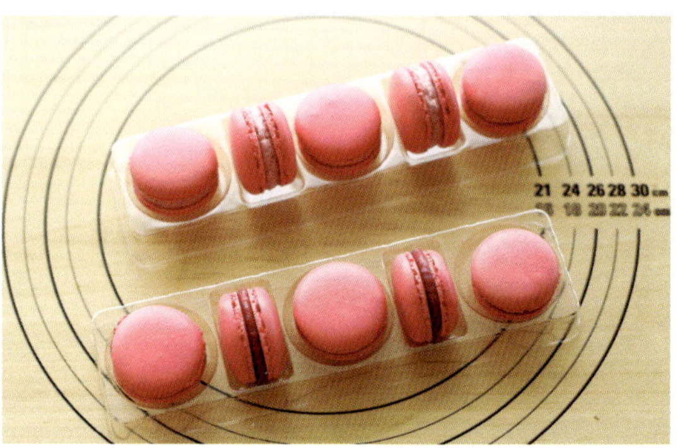

곰돌이 컵케이크

크림만 사용해서 하얀 토끼모양 컵케이크로 만들 수 있어요.
스펀지케이크를 만들 때에 코코아가루 대신 박력분으로 대체해서 만들고, 크림도 생크림으로만 만드세요.
토끼 귀모양만 코팅용 초콜릿으로 그려 굳혀 꽂아주면 됩니다.

재료 준비하기

분량	: 지름 8cm 5개
재료	: 생크림 약간, 초콜릿 약간, 버튼모양 초콜릿 약간, 라즈베리잼 약간
초코 스펀지케이크	: 달걀 2개, 노른자 1개, 설탕 60g, 꿀 10g, 박력분 50g, 옥수수전분 5g, 무가당 코코아가루 8g, 버터 20g, 우유 10g
초코 크림	: 생크림 300g, 밀크초콜릿 100g, 다크초콜릿 50g
도구	: 핸드믹서기, 거품기, 믹싱볼, 체, 냄비, 주걱, 지름 6cm 돔형 실리콘틀, 빵칼, 비닐 짤주머니, 원형깍지, 지름 8cm 은박머핀컵, 스페튤라

○1 **초코 크림을 만든다.** 밀크초콜릿과 다크초콜릿을 한 번에 계량해 중탕으로 녹이고, 다른 냄비에 생크림을 넣고 살짝만 데운다. 녹인 초콜릿에 데운 생크림을 넣어 고루 섞고, 완전히 식혀 2~3시간 정도 냉장고에 차갑게 보관한다.

○2 **스펀지케이크를 만든다.** 반죽에 들어갈 버터와 우유를 한 번에 계량해 중탕으로 녹인다. 스펀지케이크를 만들 때에는 달걀반죽이 따뜻해지도록 믹싱볼 아래 뜨거운 물을 중탕으로 받치고 거품을 올린다. 볼에 달걀과 노른자를 넣어 풀고, 설탕과 꿀을 넣고 섞는다.

○3 핸드믹서기를 고속으로 거품을 올리고, 반죽이 약간 따뜻한 느낌이 들면 중탕으로 받친 뜨거운 물을 뺀 뒤 계속 거품을 올린다. 고속에서 중속, 저속으로 속도를 줄이면서 매끈하면서 큰 기공이 거의 보이지 않는 반죽으로 거품을 올린다. 반죽을 떨어뜨려봤을 때 리본을 그리며 떨어지는 정도면 된다.

04 두 번 정도 체에 내린 박력분과 옥수수전분, 코코아가루를 넣고 주걱으로 크게 크게 반죽을 저어 섞는다.

05 가루가 보이지 않게 반죽이 섞이면 녹인 버터 용기에 한 주걱 정도 덜어 넣고 섞은 뒤 전체 반죽에 모두 넣고 섞는다.

06 지름 6cm 돔형 실리콘틀에 반죽을 채워 170℃로 미리 예열된 오븐에 넣고 15~20분 정도 굽는다.

07 구운 스펀지케이크는 일반 코팅틀일 경우에는 바로 분리해 식히고, 실리콘틀일 경우에는 한김 식힌 후 분리한다.

08 돔형 실리콘틀로 스펀지케이크의 높이가 높을 경우에는 아래 평평한 부분을 1cm 정도 두께로 한 장만 슬라이스하고, 돔형 모양 높이가 낮을 경우에는 구운 돔형 스펀지케이크 1~2개를 1cm 두께로 슬라이스해서 사용한다. 머핀컵 속에 깔아줄 스펀지케이크는 취향에 따라 1장을 깔거나 컵의 높이가 높을 때엔 2장 정도를 잘라 깔아도 된다.

09 사용한 머핀컵의 높이가 낮기 때문에 안쪽에는 한 장의 슬라이스한 스펀지케이크를 사용했다. 슬라이스한 스펀지케이크 1장, 윗면에 올려줄 돔형 스펀지케이크 1개, 머핀컵을 순서대로 준비한다.

10 차갑게 보관한 초코 크림을 꺼내어 윗면에 뿌릴 용도로 1/3 정도의 양을 볼에 던다. 초코크림이 흐르는 정도로 약간만 휘핑한다. 뻑뻑하게 휘핑하는 정도를 100%로 보았을 때 윗면에 뿌리는 용도이기 때문에 약 50% 정도만 휘핑한다.
크림의 2/3는 믹싱볼 아래 얼음물을 받쳐 차가운 상태를 유지하면서 거품기 돌아가는 자국이 선명하게 나는 정도의 뻑뻑한 크림으로 휘핑한다.

11 은박 머핀컵 안에 뻑뻑하게 휘핑한 초코 크림을 머핀컵 높이의 1/3 정도 채우고 슬라이스한 스펀지케이크를 한 장 깔고 그 위에 라즈베리잼을 약간만 바른 뒤 다시 뻑뻑한 초코 크림을 가득 채운다. 맨 위에 돔형 스펀지케이크를 올린다.
머핀컵의 높이가 높을 경우에는 슬라이스한 스펀지케이크 → 라즈베리잼 → 초코 크림 → 슬라이스한 스펀지케이크 → 초코 크림 → 돔형 스펀지케이크 순서대로 쌓으면 된다.

12   50% 정도 살짝 휘핑한 묽은 초코 크림을 컵케이크 윗면이 모두 덮이도록 뿌린다. 옆으로 흘러내린 초코 크림은 스페튤라로 긁어내거나 깨끗하게 닦는다.

13   버튼모양의 초콜릿으로 곰돌이의 귀를 만든다. 초콜릿 끝부분을 약간만 잘라서 컵케이크에 꽂으면 된다.

14   차가운 생크림을 약간만 뻑뻑하게 휘핑해 원형깍지를 끼운 짤주머니에 넣어 곰돌이의 코를 둥글게 짜 올린다.

15 마지막으로 초콜릿을 중탕으로 녹여 짤주머니에 넣고 곰돌이의 눈과 코를 짠다. 초코펜으로 하는 것도 가능하다. 차갑게 냉장보관 해두었다가 먹으면 된다.

홍대 디저트
다양한 문화와 시대를 앞서는
감각이 있는 사람들의
놀이터로 불리는 홍대,
젊음과 낭만, 그리고 문화가 있는 자유의 거리로
많은 이색카페, 갤러리와 화랑,
패션샵 등이 즐비하다.
와우산로
더디저트
장쌤
커피랩
커피프린스
1호점
CU
홍대3호점
카카오붐
몹시
2호점
달링스케익
스타일난다
에뚜네
몹시
be sweet on
삼진제약
엘리펀트 비트
이디야커피
메일리라운드
천주교
서교동교회
퐁포네뜨
마카롱
쉐즈몰
커피나무
서교초
피오니
스타벅스
마노핀
마포
평생 학습관
홍익대앞
훈스파이
홍익로

Part.3

홍대

딸기 밀푀유

밀푀유 파이지를 구워 식힌 뒤 1인 분량으로 얇게 잘라서 크림과 딸기를 샌드해도 됩니다.
딸기를 얇게 잘라주고 파이지를 3장 사용해서 크림과 딸기를 두 번씩 샌드해 밀푀유를 만들면 먹음직해요.
파이지를 얇게 굽고 싶으면 굽는 중간에 위에 덮어준 오븐팬을 눌러 납작하게 하면 되고,
약간 도톰하게 굽고 싶을 때에는 오븐팬을 올려서 굽다가 적당한 두께가 되면 팬을 빼고 구우면 된답니다.

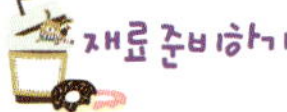
재료 준비하기

분 량 : 7~8cm 크기 20개
재 료 : 딸기 한 팩
  파이지 : 박력분 200g, 버터 150g, 소금 4g, 차가운 물 80g, 덧가루용 박력분 적당히, 슈가파우더 적당히
  커스터드 크림 : 우유 250g, 노른자 45g, 설탕 60g, 옥수수전분 28g, 바닐라빈 1/4개, 판젤라틴 2g,
    크림에 섞을 생크림 70g
도 구 : 믹싱볼, 스크래퍼, 비닐팩(랩), 밀대, 체, 칼, 오븐팬, 피케롤러, 테프론시트, 냄비, 내열주걱, 바트, 빵칼, 거품기,
  짤주머니

○1 **파이지를 만든다.** 박력분을 체에 내려 볼에 넣고 차가운 버터를 잘라 넣는다. 스크래퍼로 박력분과 잘 섞이도록 버터를 잘게 잘게 자르면서 다져 섞는다.

○2 버터 알갱이가 콩알만 해졌을 때 차가운 물에 소금을 섞어서 반죽 중심에 넣고 스크래퍼로 슬슬 대충 뭉친다.

○3 반죽이 다 뭉쳐지기 전에 비닐에 넣고 스크래퍼로 꾹꾹 눌러 평평하게 만든 뒤 냉장고에 1시간 정도 넣어 휴지한다.

○4 휴지한 반죽을 꺼내 작업대와 반죽 윗면에 덧가루를 솔솔 뿌리며 밀대로 민다. 폭은 18cm 정도, 길이는 40cm 정도로 되도록 길게 민다.

○5 반죽의 덧가루를 붓이나 솔 같은 도구로 털어내고 반죽의 한쪽을 접고, 다른 한 쪽도 접어 3절 접기한다.

06 접은 반죽을 90도 돌려 덧가루를 뿌리며 다시 밀대로 민다. 처음에 크기와 비슷하게 반죽을 길게 민다.

07 반죽의 덧가루를 털어낸 후 3절 접기를 하고, 반죽이 마르지 않게 비닐팩에 넣거나 랩으로 감싸서 냉장고에 1시간 정도 넣어 휴지한다.

08 차갑게 휴지한 반죽을 꺼내어 덧가루 뿌리며 4번~7번까지의 과정을 반복하고, 다시 1시간 휴지하고 4번~7번의 과정을 반복한다. 3절 접고 밀고하는 과정을 두 번씩, 총 여섯 번 한 반죽을 비닐팩에 넣어 냉장고에 1시간 휴지한다.

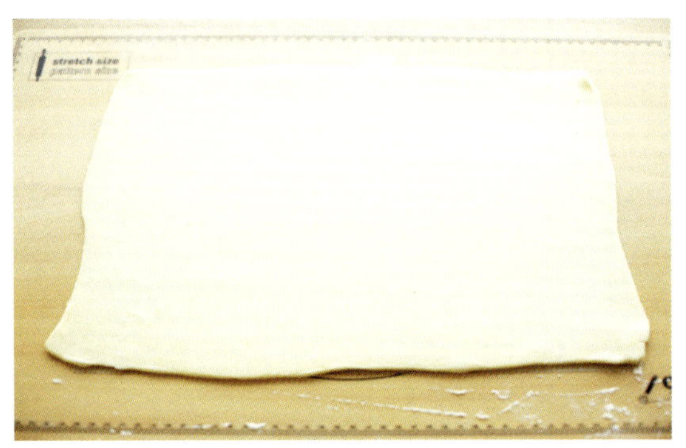

09 휴지한 파이 반죽을 꺼내 덧가루를 뿌리고, 밀대로 30cm×40cm 크기로 민다. 오븐팬이 작은 경우, 반죽을 절반으로 잘라 민다.

10 덧가루는 털어내고 반죽을 오븐팬으로 옮길 때에는 밀대로 반죽을 감아서 팬 위로 옮겨 펴준다.

11 오븐팬 위에 반죽을 펼쳐 올리고 피케롤러로 공기구멍을 고루 찍는다. 피케롤러가 없으면 포크로 찍는다. 팬 가장자리 밖으로 튀어나오는 반죽은 스크래퍼나 칼로 잘라낸다. 팬 위에 올린 반죽을 10~15분 정도 냉장고에 넣어둔다.

12 오븐은 190~200℃로 미리 예열하고 냉장고에 두었던 반죽을 꺼내어 윗면에 테프론시트를 한 장 깔고, 오븐팬을 위에 올려 오븐에 넣고 20분 정도 굽는다.

13 20분 정도 구운 파이지를 꺼내어 윗면에 슈가파우더를 체로 골고루 듬뿍 뿌려준 뒤 다시 오븐에 넣고 5~7분 정도 캐러멜색이 나도록 굽는다.

14 구운 파이지를 적당한 크기로 자른다. 크기나 모양은 취향껏 만든다.

15 커스터드 크림을 만든다. 냄비에 우유와 바닐라빈을 넣어 살짝 끓이고, 믹싱볼에 달걀 노른자를 넣어 풀고, 설탕과 옥수수전분을 넣어 섞은 후 끓인 우유를 넣어 섞는다.

16 체에 걸러 냄비에 넣고 중불에 올려 거품기로 저어주면서 큰 거품이 뽁뽁 올라올 정도로 충분히 끓인다. 불에서 내린 뜨거운 커스터드 크림에 불려둔 판젤라틴을 건져 물기를 짜서 넣고 거품기로 고루 섞는다.

17 바트에 크림을 평평하게 담고 윗면에 랩을 밀착시켜 수분이 생기지 않도록 한 후 냉장고에 넣어 식힌다.

18 크림과 섞어줄 생크림을 휘핑한다. 차가운 상태가 유지되도록 얼음물에 볼을 담그고 거품기 돌아가는 자국이 날 정도로 생크림을 약간 뻑뻑하게 휘핑한다.

19 식힌 커스터드 크림을 볼에 넣어 거품기로 덩어리 없이 풀어준 뒤 휘핑한 생크림을 두 번에 나눠 넣고 주걱으로 섞는다.

20 매끄럽게 잘 섞인 크림을 샌드하기 쉽도록 짤주머니에 넣는다.

21 딸기는 세척하고 물기를 제거해주고 꼭지를 딴다. 딸기를 슬라이스해서 넣어도 되고 절반만 잘라서 넣어도 된다.

22 잘라둔 파이지에 크림을 짜 올리고 딸기를 듬뿍 올려준 뒤 다시 위에 크림을 덮는다. 파이지를 한 장 위에 올려 덮어주고 슈가파우더를 취향껏 뿌리고, 딸기를 올리면 완성이다. 먹기 전까지 냉장고에 차갑게 보관했다 먹으면 된다.

팔미에 파이쿠키

굽는 중간에 반죽을 한 번 뒤집어주어야 윗면이 평평하게 구워져 모양이 예쁘게 나와요.
지체하지 말고 재빨리 꺼내 뒤집어 주세요. 냉장휴지하지 않거나 실온에 오래 두면 반죽 속의 버터가 녹아버려
구웠을 때 바삭바삭한 파이층이 살지 않아요. 냉장휴지과정에 각별히 주의해주세요.

재료 준비하기

분 량 : 7~8cm 20개
재 료

    파이지 : 박력분 200g, 버터 150g, 소금 4g, 차가운 물 80g, 덧가루용 박력분
    그 외 : 설탕 적당히
도 구 : 믹싱볼, 스크래퍼, 비닐팩(랩), 밀대, 체, 칼, 붓, 오븐팬

176

○1 파이지를 만든다. 박력분을 체에 내려 볼에 넣고 차가운 버터를 잘라 넣는다. 스크래퍼를 사용해 박력분과 잘 섞이도록 버터를 잘게 자르며 다져 섞는다.

○2 버터 알갱이가 콩알만 해졌을 때 차가운 물에 소금을 섞어 반죽 중심에 넣고 스크래퍼로 반죽을 슬슬 대충 뭉친다.

○3 비닐에 반죽을 넣고 스크래퍼로 꾹꾹 눌러 평평하게 만들어준 뒤 냉장고에 1시간 정도 넣어 휴지한다.

04 휴지한 반죽을 꺼내 작업대와 반죽 윗면에 덧가루를 솔솔 뿌리며 밀대로 민다. 폭 18~ 20cm 정도, 길이 40~45cm 정도로 민다.

05 반죽의 덧가루를 붓이나 솔 같은 도구로 털어내고 한쪽을 접는다. 반죽의 다른 한 쪽도 접어 3절 접기를 한다.

06 반죽을 90도 돌려서 덧가루를 뿌리며 다시 밀대로 민다. 처음 크기와 비슷하게 반죽을 길게 민다.

07 반죽의 덧가루를 털어내고 3절 접기를 하고, 반죽이 마르지 않게 비닐팩에 넣거나 랩으로 감싸서 냉장고에 1시간 정도 넣어 휴지한다.

08 차갑게 휴지한 반죽을 꺼내어 덧가루 뿌리며 4번~7번까지의 과정 그대로를 반복하고 다시 1시간 휴지하고 꺼내어 4번~7번 과정을 반복한다.

09 3절 접고 밀고하는 과정을 두 번씩, 총 여섯 번 한 반죽을 비닐팩에 다시 넣어 냉장고에 1시간 휴지한다.

10 휴지한 반죽을 꺼내 작업대와 반죽 윗면에 설탕을 계속 뿌리며 밀대로 30cm×44cm 정도의 크기로 민다. 반죽 아래와 윗면에 설탕이 골고루 뿌려져야 맛있게 구워진다.

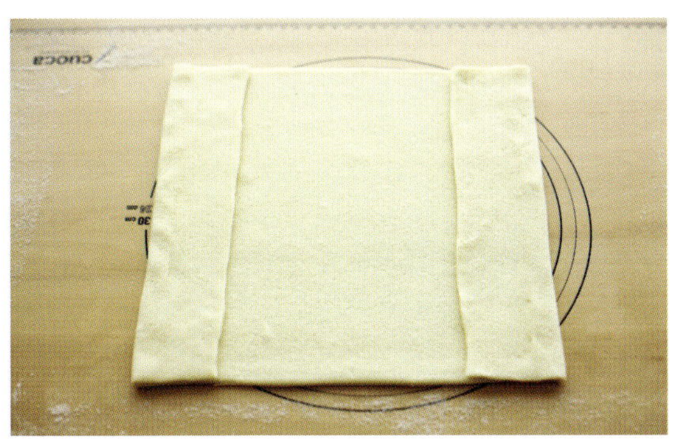

11 반죽 가장자리를 깔끔하게 떨어지도록 칼로 조금 잘라내고, 두 번 접어 맞물릴 수 있도록 양옆을 한 번 접는다.

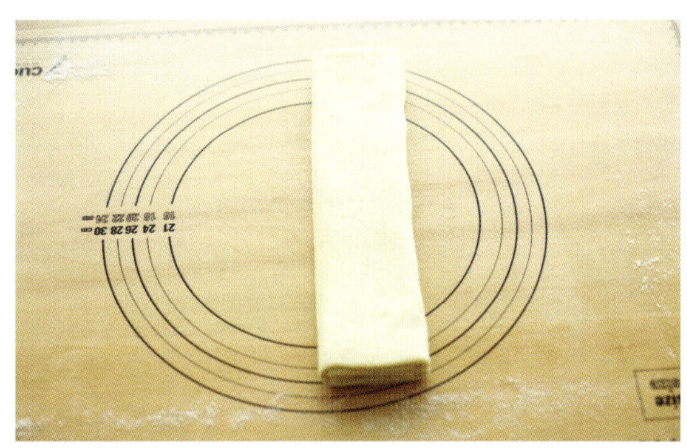

12 다시 한 번 더 접어 맞물리게 한다.

13 맞물린 반죽을 다시 딱 맞게 맞붙여 접는다. 반죽이 잘 붙도록 밀대로 살짝 누르고, 20~30분 정도 잠시 냉장고에 그대로 넣어 둔다.

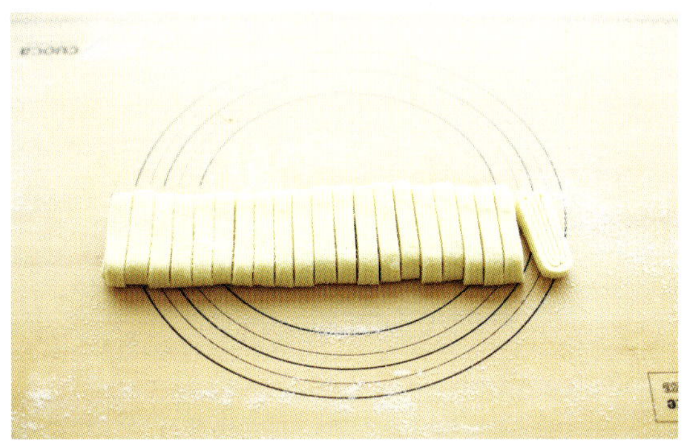

14 잠깐 휴지한 반죽을 꺼내어 1cm 폭으로 자른다.

15 반죽의 결이 보이도록 세워 반죽의 윗부분만 하트모양이 되도록 살짝 벌린 뒤 180℃로 미리 예열된 오븐에 넣고 12분 정도 굽는다. 재빨리 오븐팬을 꺼내어 반죽을 한 번 뒤집고, 벌어진 부분은 살짝 붙여준다. 180℃ 오븐에 다시 넣고 12~13분 정도 노릇해지도록 구우면 완성이다.

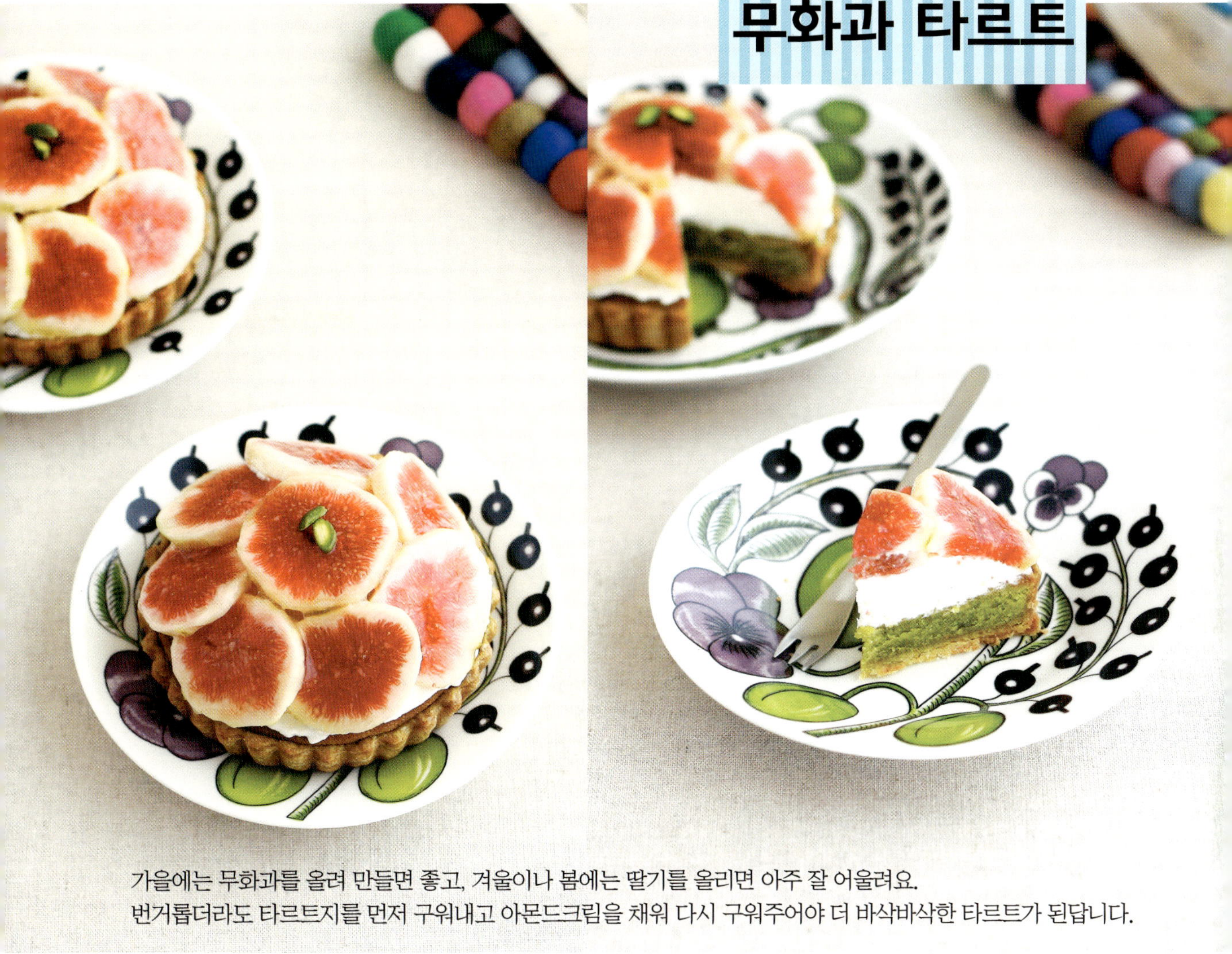

가을에는 무화과를 올려 만들면 좋고, 겨울이나 봄에는 딸기를 올리면 아주 잘 어울려요.
번거롭더라도 타르트지를 먼저 구워내고 아몬드크림을 채워 다시 구워주어야 더 바삭바삭한 타르트가 된답니다.

 **재료 준비하기**

분량 : 지름 13cm 타르트틀 2개

재료 : 무화과 6개, 나파주 50g, 물 50g, 장식용 피스타치오 약간

   타르트지 : 버터 80g, 슈가파우더 40g, 소금 약간, 달걀 28g, 박력분 130g, 아몬드가루 20g, 바닐라파우더 약간, 덧가루용 박력분 약간

   피스타치오 아몬드크림 : 버터 50g, 슈가파우더 50g, 달걀 50g, 아몬드가루 50g, 피스타치오 페이스트 40g

   크림 : 마스카포네치즈 110g, 생크림 110g, 설탕 20g, 바닐라빈 약간

도구 : 믹싱볼, 스크래퍼, 밀대, 비닐팩, 포크, 종이호일, 누름돌, 주걱, 거품기, 핸드믹서기, 체, 스페튤라, 붓, 타르트틀

○1 **타르트지를 만든다.** 박력분과 아몬드가루, 슈가파우더, 소금, 바닐라파우더를 한 번에 체에 내려 볼에 넣고, 차가운 버터도 잘라 넣어 스크래퍼로 버터를 잘게 자르며 가루류와 잘 섞는다.

○2 어느 정도 버터 알갱이가 잘라지면 손으로 버터와 가루가 잘 섞이도록 으깨며 보슬보슬하게 살살 비벼주면서 섞는다. 풀어준 달걀을 넣고, 스크래퍼를 사용해 자르듯 섞으며 반죽을 뭉친다.

○3 작업대로 반죽을 옮기고 손바닥으로 세 번 정도 앞쪽 방향으로 밀어 치대 섞는다. 스크래퍼로 반죽을 모아 비닐에 넣고 평평하게 반죽을 눌러준 뒤 냉장고에 1시간 정도 넣어 휴지한다.

04 휴지한 반죽을 꺼내 2개로 나눈다. 미니타르
트틀에 만들기 때문에 2개로 나눴지만 지름
21cm 정도의 틀에 할 경우에는 그대로 밀
어도 된다.

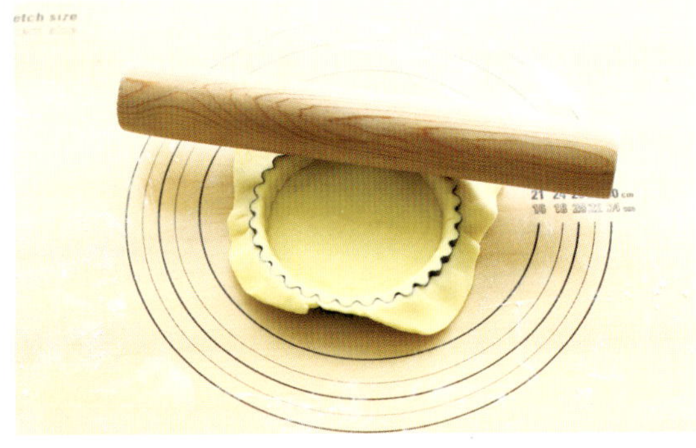

05 작업대에 덧가루를 살짝 뿌리고 반죽을 사방으로 돌려가면서 밀대로 두께 2~3mm 정도로 타르트틀
보다 약간 크게 민다. 반죽을 틀 위에 올려 틀 안쪽까지 꼼꼼하게 손으로 잘 밀착시킨다. 틀 밖으로 튀
어나온 반죽은 밀대로 밀어 잘라낸다.

06 포크로 공기구멍을 폭폭 찍어준 뒤 반죽이
차갑고 단단해지도록 10~20분 정도 냉장
고에 넣는다.

07 차가워진 타르트틀 반죽을 꺼내고 종이호일
을 틀보다 크게 잘라 부드럽게 비벼서 반죽
윗면에 잘 밀착시킨다. 누름돌을 가득 채워
160℃로 미리 예열된 오븐에 넣어 30분 정
도 굽는다.

오븐문을 열고 누름돌을 종이호일째로 들어
내고, 오븐문을 닫고 타르트가 약간 노릇해
지도록 5분 정도 더 굽는다. 구워준 뒤 꺼
내어 틀째로 식힌다.

09 **피스타치오 아몬드크림을 만든다.** 볼에 부드러운 버터를 넣고 거품기로 풀어준 뒤 슈가파우더를 넣고
섞는다. 풀어준 달걀을 조금씩 흘려 넣어주면서 분리되지 않게 잘 섞는다.

10 체에 내린 아몬드가루를 넣어 섞고 피스타치오 페이스트도 넣어 섞는다.

11 식힌 타르트지에 피스타치오 아몬드크림을
    나눠 채운 후 다시 160℃로 예열된 오븐에
    넣고 25분 정도 굽는다.

12 오븐에서 꺼낸 타르트를 그대로 식히고,
    그 후에 틀에서 분리한다.

13 무화과의 껍질을 벗기고 도톰하게 슬라이스
    한다.

14 윗면에 바를 크림을 만든다. 볼에 마스카포
    네치즈를 넣고 풀어준 뒤 설탕과 바닐라빈
    넣고 섞는다. 그런 뒤 차가운 생크림 넣어
    섞고, 뻑뻑해지는 느낌이 나도록 휘핑한다.

15 크림을 스페튤라로 타르트 위에 떠 올려 돔형으로 도톰하게 펴 바르고 무화과를 돌려 올린다.

16 무화과를 올린 뒤 나파주와 물을 1:1로 계량해 잘 풀어 섞어 살짝 끓인 뒤, 붓으로 윗면에 얇게 펴 바른다. 마지막으로 피스타치오를 1~2알을 잘라 장식하면 완성이다.

얼그레이 초콜릿 무스 케이크

비스퀴를 만들 때 가루를 넣고 너무 오래 섞으면 반죽이 묽어져요.
그럼 짤주머니에 넣어 짤 때 예쁜 모양으로 나오지 않으니 가루가 보이지 않게만 섞어주세요.

재료 준비하기

분 량 : 지름 15cm 1호 무스틀 1개

재 료

비스퀴 : 달걀 2개, 설탕 60g, 박력분 52g, 무가당 코코아가루 8g, 얼그레이 홍차 티백(또는 홍차파우더) 2g,
　　　　　슈가파우더 약간

초콜릿 무스 : 밀크티 100g, 노른자 1개, 설탕 10g, 밀크초콜릿 100g, 다크초콜릿 50g, 차가운 생크림 200g,
　　　　　판젤라틴 2g

※ **밀크티** : 생크림 150g, 얼그레이 홍차잎 12g

도 구 : 믹싱볼, 핸드믹서기(거품기), 오븐팬, 내열주걱, 짤주머니, 원형깍지(지름 8mm 또는 1cm 깍지), 칼, 무스틀, 냄비,
　　　　체, 스페튤라

187

○1 **비스퀴를 만든다.** 볼에 달걀흰자 거품을 약간만 풍성해지도록 올린 뒤 설탕을 두세 번에 나눠 넣어가며 섞는다. 뿔이 뾰족하게 서고 볼을 거꾸로 들어도 머랭 거품이 떨어지지 않을 정도로 단단한 머랭을 만든다.

○2 달걀노른자를 거품기로 대충 풀어 머랭에 넣고 주걱으로 서너 번 정도 슬슬 섞는다. 박력분과 무가당 코코아가루, 얼그레이 홍차 티백(또는 홍차파우더)을 한 번에 체에 내려 반죽에 넣고 주걱으로 크게 크게 저어 재빨리 섞는다.

○3 미리 오븐팬에 깔아둔 유산지 위에 반죽을 원형깍지를 끼운 짤주머니에 넣고 짠다. 무스틀에 둘러줄 비스퀴는 4cm 정도 높이로 짜주고, 바닥에 깔아줄 비스퀴는 원형모양으로 무스틀 사이즈보다 약간 작게 2개 짠다. 짜준 반죽 윗면에 슈가파우더를 체로 두 번 정도 솔솔 뿌린다.

04 180℃로 미리 예열된 오븐에 넣고 10~13분 정도 굽는다. 구운 비스퀴는 팬에서 바로 분리해 식힘망에서 한김 식힌다. 무스틀에 끼울 비스퀴는 무스틀 높이보다 1cm 작게 자른다. 바닥에 깔아줄 비스퀴도 무스가 흘러나오지 않도록 맞게 자른다.

05 바닥에 들어갈 비스퀴를 끼워 깔고, 무스틀 안쪽으로 3cm 높이로 자른 비스퀴를 세운다. 비스퀴를 헐렁하게 세우거나 깔면 무스가 흘러나올 수 있으니 꽉 차도록 한다.

06 **무스를 만든다.** 판젤라틴은 얼음물이나 차가운 물에 5분 이상 담가 충분히 불려둔다. 냄비에 생크림 150g과 얼그레이 홍차잎 12g을 넣고 살짝 끓인다. 냄비를 불에서 내리고 뚜껑을 닫아 5분 이상 밀크 티를 진하게 우린다.

07 밀크초콜릿과 다크초콜릿을 중탕으로 녹인다.

08 다른 볼에 달걀노른자와 설탕을 넣어 섞고, 진하게 우린 밀크티의 홍차잎을 걸러내고 100g만 데워 노른자 반죽에 넣어 고루 섞는다.

09 노른자 반죽을 냄비에 넣고 약불이나 중불에 올려 주걱으로 냄비 바닥에 8자를 그리면서 계속 저어주면서 온도를 올린다. 바글바글 끓이는 것이 아닌 온도만 올려준다는 느낌으로 천천히 끓인다. 반죽을 주걱으로 떠서 손으로 긁어봤을 때 반죽의 긁은 자국이 그대로 유지되면 된다.

10 불에서 내려 불린 판젤라틴을 건져 지그시 물기를 짜고, 반죽이 뜨거울 때 바로 넣어 고루 섞는다.

11 반죽을 체에 걸러 녹여둔 초콜릿에 넣고 주걱으로 살살 골고루 섞는다. 휘핑한 생크림을 섞어야 하기 때문에 그대로 식힌다.

12 생크림은 얼음물에 볼을 담가서 거품기로 휘핑한다. 너무 단단하게 올리면 안 되고 무스크림 같은 질감이 되도록 올린다. 체온과 비슷하게 초콜릿 반죽 온도가 내려가면 휘핑한 생크림을 세 번 정도 나눠 넣어가며 고루 섞는다.

13 비스퀴를 깔아준 틀에 무스를 절반 정도 채운다. 잘라둔 원형 비스퀴를 한 장 더 깔고, 나머지 무스를 가득 채운다.

14 윗면은 스페튤라로 깔끔하게 다듬고, 냉동고
에 1시간 정도 넣어 단단하게 굳힌다.

굳힌 무스 케이크를 틀에서 분리할 때 잘 빠지지 않으면 수건이나 행주를 뜨겁게 적셔 틀을 감싸면 잘 분리된다.

15 동전만 하게 동글동글 짜준 비스퀴와 하트모양으로 짜준 비스퀴에 남은 무스크림을 샌드해서 붙인다.
냉동실에서 단단하게 굳힌 케이크를 꺼내어 무스틀을 위로 들어내 분리해 장식하면 완성이다.

휴지한 반죽을 꺼내어 밀 때 바로 밀대로 밀어버리면 반죽이 갈라질 수 있으니
꼭 손으로 살살 주물러 만져준 다음 밀어주세요.
반죽을 밀어주면서 들러붙지 않게 덧가루를 아래 위에 솔솔 뿌려주고,
실온에 너무 오래 두어 반죽이 흐물흐물 해졌다면 중간 중간 냉장고에 넣었다가 꺼내어 반죽 밀기를 해주세요.

재료 준비하기

분 량 : 지름 5cm 30~40개

재 료

단호박쿠키 : 버터85g, 설탕 80g, 소금 약간, 박력분 185g, 단호박가루 17g, 베이킹파우더 1g, 달걀 1개,
　　　　　　호박씨 약간, 덧가루용 박력분 약간

초코쿠키 : 버터 85g, 설탕 80g, 소금 약간, 박력분 185g, 무가당 코코아가루 15g, 베이킹파우더 1g, 달걀 1개,
　　　　　덧가루용 박력분 약간

아이싱 반죽 : 흰자 20g, 슈가파우더 80g, 레몬즙 약간, 코코아가루 약간

도 구 : 믹싱볼, 핸드믹서기(거품기), 오븐팬, 할로윈 쿠키틀, 주걱, 밀대, 짤주머니나 종이호일

○1 부드러운 버터를 풀고 설탕과 소금을 넣고 섞는다. 버터색이 뽀얗게 되면 달걀을 따로 풀어서 조금씩 넣어 섞는다.

○2 단호박가루를 체에 내려 먼저 섞은 후 박력분과 베이킹파우더를 한 번에 체에 내려 넣고 주걱으로 섞는다. 반죽을 비닐팩에 넣고 평평하게 눌러 펴서 1시간 정도 냉장고에 넣어 휴지한다.

○3 작업대에 덧가루를 살짝 뿌리고 휴지한 반죽을 꺼내 밀대로 조금씩 돌리며 4~5mm 두께로 민다. 할로윈 쿠키틀로 반죽을 찍어 모양을 만든다.

○4 반죽 사이의 여유를 두고 팬 위에 올린 뒤 호박모양 쿠키 반죽에는 호박씨를 꼭지부분에 살짝 꽂는다. 170℃로 예열된 오븐에 넣고 12~15분 정도 굽는다.

○5 초코쿠키 반죽도 단호박쿠키와 같은 과정으로 만들고, 가루류를 넣을 때 코코아가루를 함께 체에 내려 넣고 섞는다. 뭉친 반죽은 비닐에 넣어 평평하게 만들고, 냉장고에 1시간 휴지한다.

○6 작업대에 덧가루 뿌리고 휴지한 반죽을 꺼내 밀대로 4~5mm 두께로 반죽을 밀어준 뒤 쿠키틀로 모양을 찍는다. 170℃로 예열된 오븐에 넣고 12~15분 정도 굽는다.

07 아이싱 반죽을 만든다. 달걀흰자를 잘 풀고 슈가파우더를 체쳐 넣고, 레몬즙을 약간 넣어 고루 매끄럽게 잘 섞는다. 아이싱 반죽을 절반 정도 덜어 코코아가루를 약간만 넣고 섞어 초코아이싱 반죽으로 만든다.

08 아이싱 반죽은 비닐 짤주머니에 넣어 쓴다. 없을 땐 종이호일을 고깔모양을 만들어 아이싱 반죽을 넣고 윗부분을 접어 붙여 사용해도 된다. 2가지 색상을 담는다.

09 구운 쿠키를 식힘망에 올려 식히고, 단호박 쿠키에는 초코아이싱 반죽으로, 초코쿠키에는 흰색아이싱 반죽으로 원하는 모양을 윗면에 그린다.

10 호박모양에는 흰색아이싱으로 눈을 그리고, 약간 마르면 초코아이싱으로 눈동자를 찍어주고 입모양도 그린다. 할로윈 글씨를 써주거나 할로윈 성이나 박쥐를 그려도 귀엽다.

피스타치오 파운드케이크

케이크를 구울 때 익힘 상태를 보면서 다 구워졌는지 찔러보고 굽는 시간을 약간씩 조절해주세요.
긴 꼬치로 케이크 중심을 찔러보아 반죽이 묻어 나오지 않을 정도로 굽습니다.

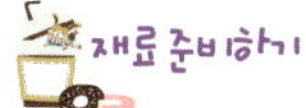

분량 : 지름 15cm 원형틀 1개

재료 : 버터 100g, 설탕 80g, 소금 약간, 달걀 2개, 노른자 1개, 바닐라빈 약간, 피스타치오 페이스트 40g, 베이킹파우더 2g,
박력분 110g, 옥수수전분 10g, 다진 크랜베리 30g, 다진 피스타치오 30g, 장식용 피스타치오 약간, 틀에 칠해줄
버터와 박력분 약간

  아이싱 : 슈가파우더 40g, 물 10g

도구 : 믹싱볼, 주걱, 핸드믹서기(거품기), 체, 원형틀이나 모양 케이크틀, 식힘망, 붓, 칼, 분쇄기

○1 반죽에 넣을 크랜베리와 피스타치오를 잘게 다진다. 구울 모양틀에 붓으로 부드러운 버터를 고루 발라 준 뒤 반죽을 채우기 전까지 냉장고에 넣어둔다.

○2 케이크를 만든다. 볼에 부드러운 버터를 넣고 풀어준 뒤 설탕과 소금을 넣고 섞는다. 버터색이 뽀얗게 되도록 섞이면 달걀과 노른자를 한 번에 풀어서 반죽에 세 번 정도 나눠 넣어 분리되지 않게 섞는다. 바닐라빈(생략 가능)도 약간 긁어 넣어 섞는다.

○3 박력분과 옥수수전분, 베이킹파우더를 한 번에 체에 내려서 반죽에 1/3 정도만 넣고 섞는다. 피스타치오 페이스트를 넣고 섞는다.

04 남은 가루류를 모두 넣어 주걱으로 고루 섞는다.

05 다진 크랜베리와 피스타치오를 넣어 섞는다. 냉장고에 넣어둔 틀을 꺼내어 박력분을 체로 틀 안쪽에 솔솔 뿌려준 뒤 틀을 뒤집어 탕탕 쳐서 가루를 털어낸다.

06 반죽을 틀에 채우고 180℃로 미리 예열해 둔 오븐에 넣고 온도를 170℃로 내린 후 30~35분 정도 굽는다.

07 구운 케이크를 식힘망 위에 올려 한김 식히고, 아이싱 재료를 섞어서 케이크가 따뜻할 때 붓으로 얇게 바른다. 아이싱이 마르기 전에 재빨리 케이크 윗면에 다진 피스타치오를 원형으로 뿌리면 완성이다.

쿠키 반죽을 막대모양으로 만들 때, 반죽을 유산지로 감싸 살살 굴려가며 모양을 잡아요.
반죽을 냉동고에 넣어 살짝 굳히면 모양잡기가 더 수월해요.

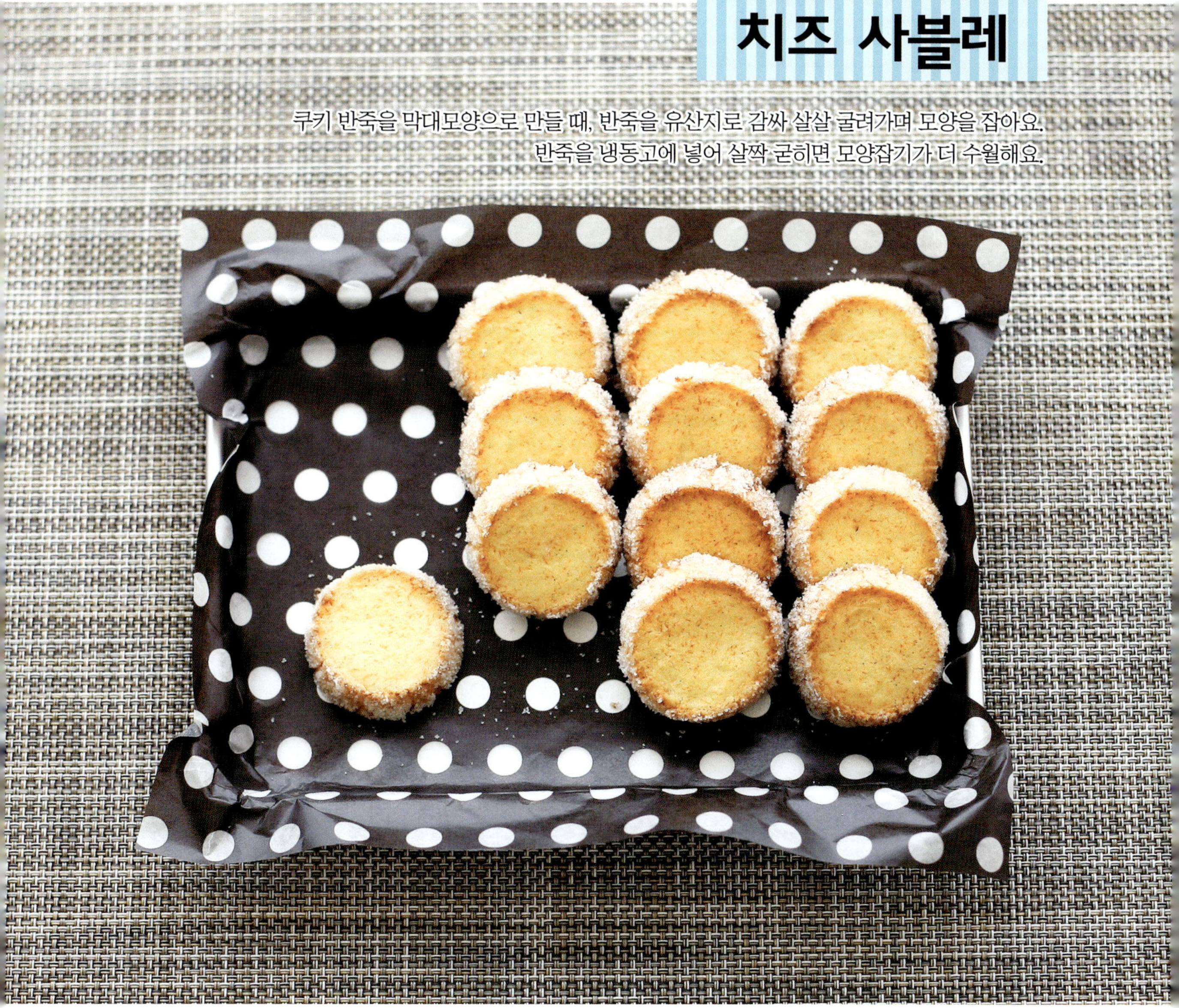

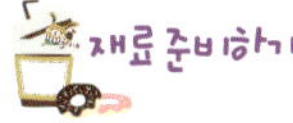

재료준비하기

분 량	: 40~42개 정도

재 료 : 버터 150g, 슈가파우더 90g, 소금 약간, 바닐라빈 약간, 달걀 30g, 박력분 250g, 그라나 파다노치즈 50g, 설탕 약간

도 구 : 치즈그라인더나 강판, 믹싱볼, 거품기나 핸드믹서기, 주걱, 종이호일, 오븐팬

01 그라나 파다노치즈는 치즈그라인더나 강판으로 곱게 갈아서 준비해둔다.

02 볼에 부드러운 버터를 넣어 풀고, 슈가파우더와 소금을 넣어 섞는다. 고루 잘 섞이면 풀어준 달걀을 넣어 섞고 바닐라빈(생략 가능)도 약간 넣는다. 바닐라빈 대신 바닐라슈가나 바닐라오일을 넣어도 된다.

03 체에 내린 박력분과 갈아둔 그라나 파다노치즈를 모두 넣어 주걱으로 고루 섞는다. 가루가 보이지 않게 섞이면 스크래퍼로 반죽을 모아 작업대에 올리고 손바닥으로 서너 번 정도 앞쪽으로 밀어치대 뭉친다.

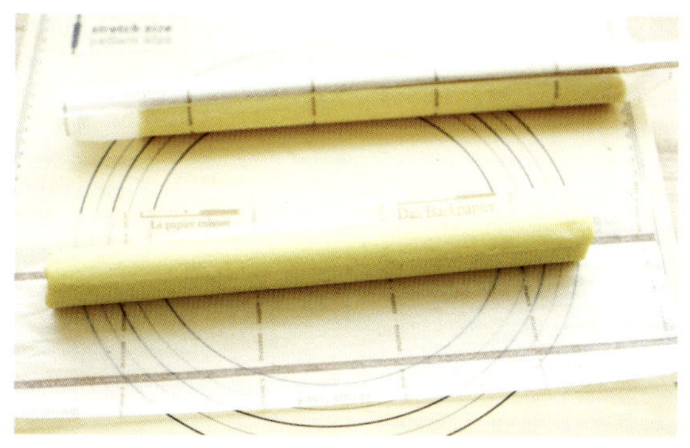 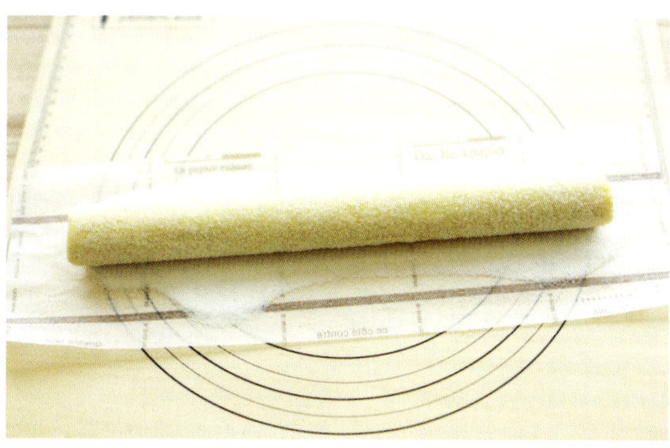

04 매끄럽게 잘 뭉친 반죽을 2개로 나눠 막대 모양으로 길게 굴려서 만든다. 반죽의 지름이 2.5cm 정도로 만들면 된다.

05 유산지로 감싸서 굴린 반죽을 냉동고에 넣어 1시간 정도 굳힌다. 단단해진 반죽을 꺼내 그대로 설탕 위에 굴려 겉면에 설탕을 붙인다.

06 반죽을 칼로 폭 1cm로 자른다. 너무 단단하게 굳었을 때는 실온에 잠시 두면 잘 썰 수 있는 상태가 된다.

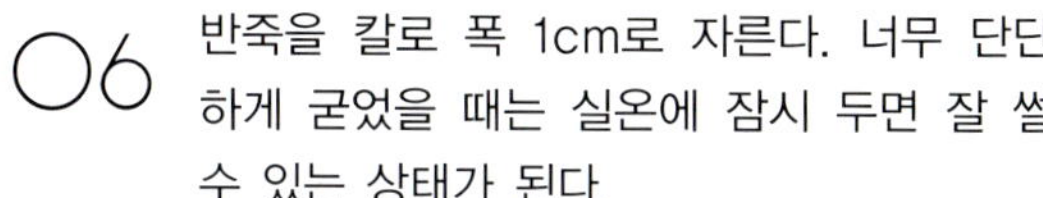

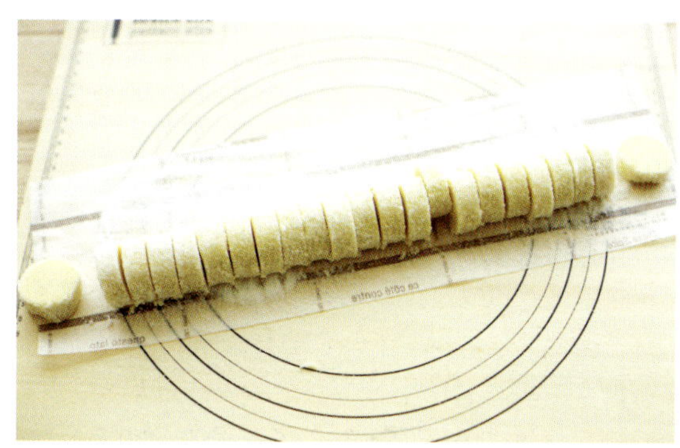

07 자른 반죽을 오븐팬 위에 올리고 엄지손가락으로 지그시 눌러 살짝 들어가게 모양을 만든다. 165℃로 미리 예열된 오븐에 넣고 13~15분 정도 굽는다. 쿠키가 보이도록 룩백에 넣어 포장하면 좋다.

오렌지필 초코파운드

미니 파운드틀이 없을 때에는 갖고 있는
다른 모양틀은 활용하세요.
머핀틀이나 원형틀에 구워도 무방해요.

재료 준비하기

분 량 : 9.2cm×6cm×3.5cm 크기 6개

재 료 : 버터 150g, 비정제 황설탕 120g, 소금 약간, 달걀 3개, 오렌지 리큐르(그랑 마르니에) 2Ts, 박력분 120g,
코코아파우더 40g, 베이킹파우더 1ts, 오렌지필 90g, 장식용 오렌지필 약간, 파운드틀에 칠해줄 버터 약간

가나슈 : 다크초콜릿 100g, 생크림 100g

도 구 : 믹싱볼, 핸드믹서기(거품기), 주걱, 파운드틀, 냄비, 식힘망, 붓, 바트

○1 미니 사이즈 파운드틀에 붓으로 버터 칠을 살짝 한다.

○2 부드러운 버터를 볼에 넣어 풀고 황설탕과 소금을 넣어 섞는다. 설탕이 고루 섞여서 버터 색이 뽀얗게 되면 풀어준 달걀을 서너 번 정도 나눠 넣어가며 섞는다.

○3 오렌지 리큐르(생략 가능)인 그랑 마르니에도 넣고 섞는다. 박력분과 코코아가루, 베이킹파우더를 한 번에 체에 내려서 넣고 주걱으로 섞는다.

04 잘라둔 오렌지필을 넣어 섞는다.

05 버터를 칠해둔 틀에 반죽을 6개로 나눠 담고 170℃로 미리 예열된 오븐에 넣어 25~30분 정도 굽는
다. 구운 케이크는 오븐에서 꺼내어 바로 팬에서 분리하고 식힘망에 올려 식힌다.

06 케이크를 식히는 동안 가나슈를 만든다. 생크림을 냄비에 넣어 살짝만 끓여 데우고 중탕으로 녹여 끓인
초콜릿도 생크림에 넣고 섞는다. 식힌 케이크를 바트에 받친 식힘망에 올리고, 케이크 윗면에 가나슈
를 뿌려 덮고 오렌지필을 올려 장식한다.

초코 브라우니 쿠키

초콜릿을 갈아 섞어야 하기 때문에 푸드프로세서를 사용하는 것이 좋아요.
버터 상태나 달걀의 크기에 따라 뭉쳐짐이 달라질 수 있답니다.
아무리 돌려도 하나로 뭉쳐지지 않을 때에는 레시피 분량 외에 물이나 달걀을 좀 더 넣어서 뭉쳐주면 됩니다.

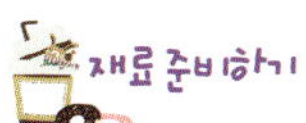

재료 준비하기

분 량 : 약 70개
재 료 : 버터 150g, 다크초콜릿(또는 밀크초콜릿) 150g, 박력분 230g, 무가당 코코아가루 20g, 황설탕(또는 백설탕) 125g,
　　　　 베이킹파우더 2g, 베이킹소다 2g, 소금 약간, 달걀 1개, 물 1~2ts
도 구 : 푸드프로세서, 지퍼백, 칼, 오븐팬

○1 초콜릿을 갈아 섞어야 하므로 푸드프로세서나 블렌더를 사용하면 편하다. 푸드프로세서에 박력분과 베이킹파우더, 베이킹소다, 소금, 황설탕, 무가당 코코아가루, 다크초콜릿을 넣고 갈아 섞는다.

○2 버터를 잘라 넣고 다시 돌려 고루 섞고, 달걀과 물도 넣고 돌려 섞는다.

○3 반죽이 뭉쳐지면 푸드프로세서에서 꺼낸다.

○4 뭉친 반죽을 지퍼백에 넣어 공기를 빼고, 지퍼백을 닫은 뒤 평평해지도록 밀대로 민다. 냉장고에 1시간 정도 넣어 단단하게 굳힌다.

○5 휴지한 반죽을 꺼내 2cm×2cm 크기로 자른다. 냉장고에서 꺼내자마자 자르면 단단해서 자를 때 부서질 수 있으니 실온에 잠시 두었다가 자른다.

○6 오븐팬에 자른 반죽을 간격을 두어 올리고 170℃로 미리 예열된 오븐에 넣어 15~18분 정도 굽는다. 바로 팬에서 꺼내 쿠키를 식히면 완성이다.

헤이즐넛 피낭시에

헤이즐넛파우더와 헤이즐넛을 살짝 구워서 사용하면 고소한 풍미가 더해져요.
너무 오래 굽게 되면 타기 쉬우니 주의하세요.

재료 준비하기

분량 : 6cm×3cm×2cm 피낭시에틀 12개
재료 : 버터 100g, 달걀흰자 100g, 비정제 황설탕 75g, 꿀 20g, 헤이즐넛파우더(아몬드가루로 대체가능) 40g, 박력분 40g,
옥수수전분 5g, 헤이즐넛 40~50g, 틀에 칠할 버터 약간
도구 : 냄비, 믹싱볼, 거품기, 주걱, 비닐 짤주머니, 피낭시에틀, 붓, 체, 칼, 도마

210

○1 오븐팬 위에 헤이즐넛파우더와 헤이즐넛을 올리고 미리 180℃ 정도로 예열한 오븐에 넣어 5분 정도만 살짝 굽는다.

○2 헤이즐넛파우더는 따로 식혀서 박력분과 전분과 함께 체에 내려 넣는다. 헤이즐넛은 반죽에 들어가는 것은 칼로 잘게 다지고, 위에 올려줄 것은 절반씩 잘라둔다.

○3 버터는 냄비에 넣고 중불에 올려 고소한 향이 나면서 연한 갈색이 될 때까지 끓여 한 김 식혀둔다. 구워준 피낭시에 틀에 붓으로 버터칠을 얇게 한다.

○4 볼에 흰자를 넣고 거품기로 멍울이 풀릴 정도로만 저어준 뒤 설탕과 꿀을 넣고 섞는다.

○5 설탕과 꿀이 고루 섞이면 박력분과 헤이즐넛파우더, 옥수수전분을 한 번에 체에 내려서 넣고 섞는다. 옥수수전분 대신 감자전분을 써도 된다.

211

$\bigcirc 6$ 식힌 버터를 체에 걸러 반죽에 넣고 주걱으로 섞는다. 버터를 체에 거르지 않고 넣으면 끓일 때 생긴 찌꺼기도 함께 들어갈 수 있으니 꼭 체에 걸러서 넣는다.

$\bigcirc 7$ 섞은 반죽에 다진 헤이즐넛을 넣어 섞는다.

$\bigcirc 8$ 반죽을 짤주머니에 넣는다. 그냥 팬에 채워도 되지만 짤주머니에 넣고 채우면 깔끔하고 빠르게 채울 수 있다.

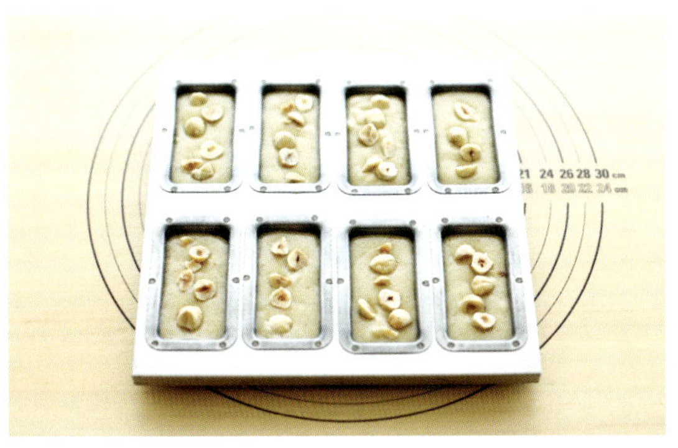

$\bigcirc 9$ 반죽을 틀 높이의 80% 정도 채우고 잘라둔 헤이즐넛을 뿌린다. 180℃로 미리 예열된 오븐에 팬을 넣고 12~15분 정도 굽는다. 구운 피낭시에는 오븐에서 꺼내 바로 틀에서 분리하여 한김 식힌다.

구운 후 수분이 날아가지 않게 바로 팬에서 분리해 한김 식히고,
촉촉해지도록 랩으로 꼼꼼하게 싸거나 바로 비닐포장합니다.

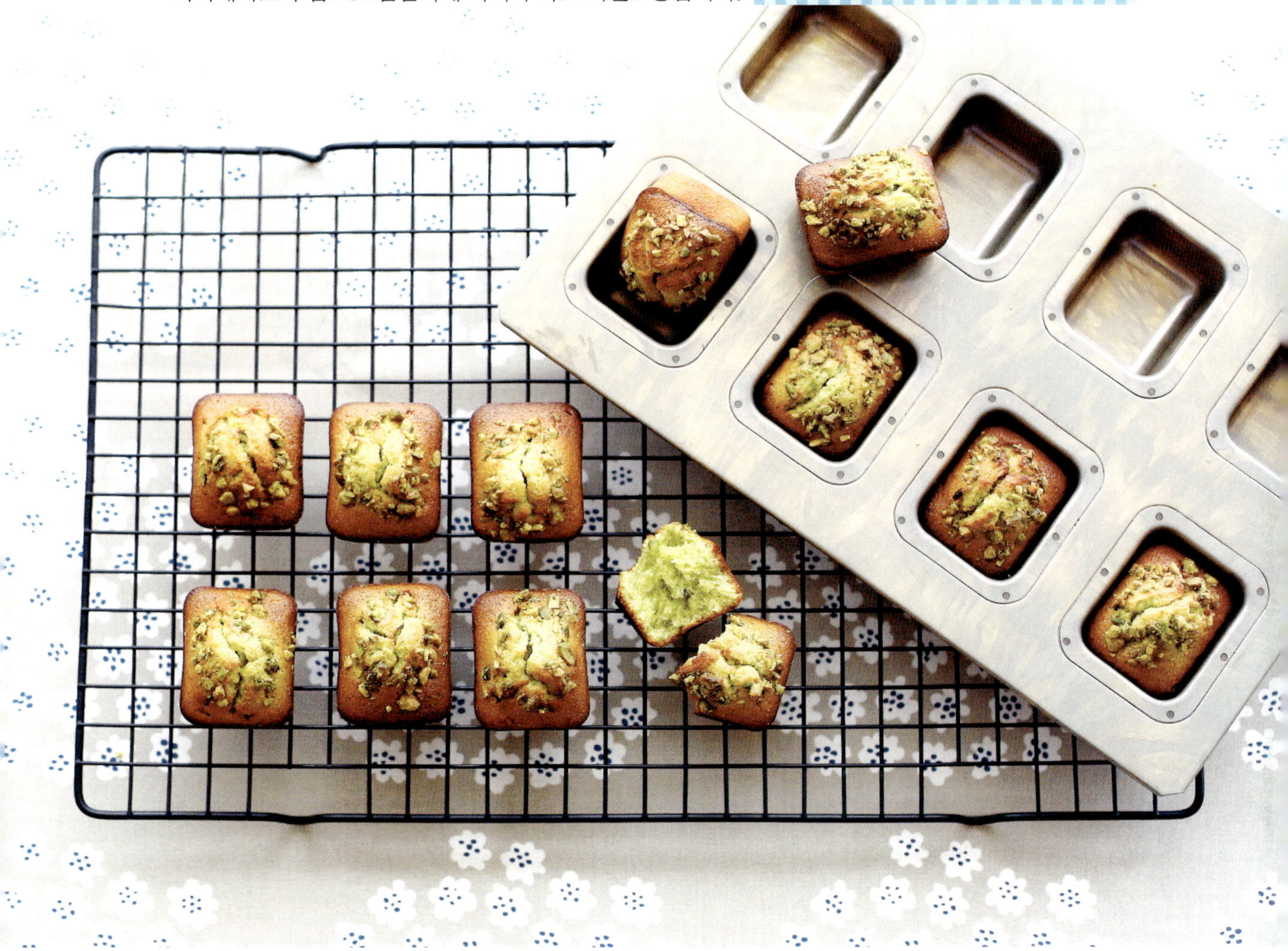

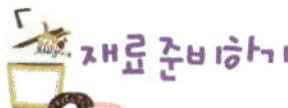
재료 준비하기

분량 : 4.3cm×5.2cm×2.9cm 스퀘어모양틀 12개

재료 : 버터 100g, 달걀흰자 100g, 설탕 70g, 꿀 20g, 아몬드가루 40g, 박력분 45g, 옥수수전분 5g, 피스타치오 페이스트 50g, 반죽에 넣을 다진 피스타치오 20g, 반죽 위에 올릴 다진 피스타치오 약간, 틀에 칠해줄 버터 약간

도구 : 냄비, 믹싱볼, 거품기, 주걱, 비닐 짤주머니, 스퀘어모양틀(또는 피낭시에틀), 붓, 칼, 도마

○1 반죽과 윗면에 올릴 피스타치오는 칼로 잘게 다지고, 피스타치오 페이스트는 계량해둔다. 반죽이 잘 떨어질 수 있도록 구울 모양틀에 버터를 붓으로 고루 칠해 준비한다.

○2 버터는 냄비에 계량해 넣고 중불에 올려 고소한 향이 나면서 연한 갈색이 될 때까지 끓여 한김 식혀둔다.

○3 볼에 흰자를 넣고 거품기로 멍울이 풀릴 정도로만 저어준 뒤 설탕과 꿀을 넣고 섞는다.

○4 설탕과 꿀이 고루 섞이면 박력분과 아몬드가루, 옥수수전분을 한 번에 체에 내려서 넣고 섞는다. 옥수수전분 대신 감자전분을 써도 된다.

○5 가루가 보이지 않게 섞이면 피스타치오 페이스트를 넣고 섞는다.

○6 식힌 버터를 체에 걸러 반죽에 넣고 주걱으로 섞는다. 버터를 체에 거르지 않고 넣으면 끓일 때 생긴 찌꺼기도 함께 들어갈 수 있으니 꼭 체에 걸러서 넣어 섞는다.

○7 마지막으로 다져둔 피스타치오를 넣고 주걱으로 고루 섞는다.

○8 반죽을 짤주머니에 넣는다. 팬에 그냥 채워도 되지만 짤주머니에 넣고 채우면 깔끔하고 빠르게 채울 수 있다.

○9 반죽을 틀 높이의 80% 정도 채우고, 다진 피스타치오를 조금씩 뿌린다. 180℃로 미리 예열된 오븐에 팬을 넣고 12~15분 정도 굽는다. 구운 피낭시에는 오븐에서 꺼내 바로 틀에서 분리하여 한김 식힌다.

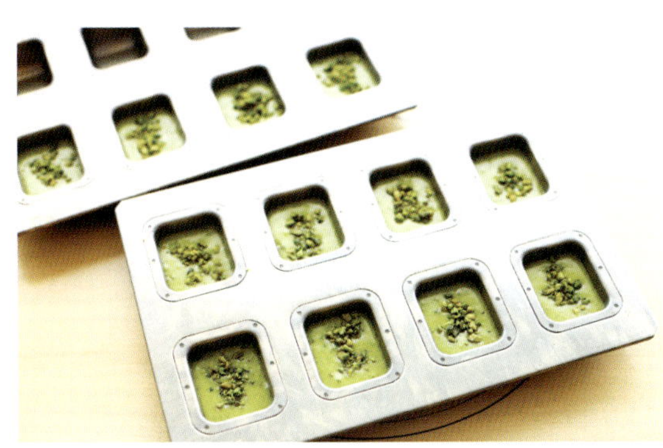

마카롱 아이스크림

아이스크림을 원형모양으로 만드는 것이 번거로울 때에는 마카롱 껍질을 구워 식힌 뒤 샌드할 때
아이스크림 스쿱으로 퍼서 샌드해도 자연스럽고 예쁜 모양으로 만들 수 있어요.
아이스크림 만들기도 번거로울 때에는 시판 아이스크림을 사서 마카롱 껍질만 만들어 샌드해도 좋아요.

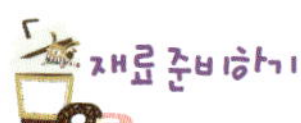 재료 준비하기

분 량 : 지름 8cm 4개

재 료

아이스크림 : 우유 500g, 생크림 100g, 바닐라빈 1/2개, 설탕 90g, 노른자 5개, 냉동 블루베리 50g, 블루베리잼 30g

마카롱 : 흰자 55g, 설탕 40g, 난백가루 1g, 아몬드가루 60g, 분당(슈가파우더) 90g, 식용색소(퍼플과 레드) 약간

도 구 : 냄비, 내열주걱, 체, 믹싱볼, 거품기, 핸드믹서기, 아이스크림 메이커(없는 경우 사각밀폐용기), 바트,
지름 8cm 원형틀, 오븐팬, 테프론시트, 분쇄기(푸드프로세서), 스크래퍼, 원형깍지, 비닐 짤주머니, 온도계

○1 **아이스크림을 만든다.** 전날 미리 만들면 훨씬 수월하다. 냄비에 우유와 생크림, 바닐라 빈을 긁어 넣고 살짝만 끓인다.

○2 볼에 노른자를 넣어 풀고, 설탕을 넣어 섞는다.

○3 노른자 색이 뽀얗게 되면 끓인 우유와 생크림을 흘려 넣으며 거품기로 저어 고루 섞는다.

○4 중불에 올려 주걱으로 처음부터 끝까지 8자 모양을 그리면서 젓고, 84℃의 온도로 올린다. 온도계가 없다면 약간 걸쭉해지는 느낌이 들 때 주걱으로 반죽을 떠서 손가락으로 긁어보고, 긁은 반죽 자국이 유지되는 정도의 걸쭉함이 되었을 때 불에서 내리면 된다 (p. 190 참고).

05 불에서 내린 반죽을 체로 한 번 거른다. 바닐라 아이스크림으로만 만들 거면 그대로 한 번에 식히고, 2가지 맛 아이스크림으로 하려면 반죽의 절반을 다른 볼에 나눠 담아 그대로 각각 식힌다. 얼음물이나 차가운 물에 볼을 담가 식히면 좀더 빨리 식는다.

06 반죽이 완전히 차갑게 식으면 하나의 반죽에 냉동 블루베리를 갈아서 넣고 블루베리 잼도 함께 넣어 고루 섞는다.

07 차갑게 냉동해둔 아이스크림 메이커를 꺼내어 바닐라 반죽을 넣는다. 아이스크림 메이커가 없는 경우에는 사각밀폐용기에 반죽을 넣고 냉동실에 넣어 살짝 얼었을 때 꺼내어 포크로 골고루 긁고 다시 넣어 살짝 얼려 꺼내 고루 긁어주는 과정을 여러 번 반복해서 아이스크림으로 만들어도 된다(p. 124 참고).

08 아이스크림 메이커에 넣은 바닐라 반죽을 아이스크림의 질감이 될 때까지 돌린다. 아이스크림이 되면 메이커에서 꺼내어 볼에 담아 잠시 냉동고에 넣어둔다.

09 블루베리 반죽도 마찬가지로 차갑게 냉동해 둔 아이스크림 메이커에 넣고 아이스크림 질감이 될 때까지 돌린다.

10 8cm 정도 지름의 원형틀이 있으면 틀 바닥은 랩으로 감싸준 뒤 아이스크림을 나눠 채운다. 높이는 1.5cm~2cm 정도가 적당하다. 틀이 없는 경우에는 평평한 바트나 큰 사각틀에 아이스크림을 높이만 맞춰 평평하게 펴서 채워 다시 얼려준 뒤 마카롱에 샌드하기 직전에 원형쿠키틀로 아이스크림을 찍어서 샌드해도 된다.

11 마카롱을 만든다. 마카롱의 크기는 아이스크림 크기에 맞춰 짠다. 크기를 일정하게 맞춰 짜려면 오븐팬 위에 원하는 원형크기를 펜으로 종이에 그려준 뒤 깔고 그 위에 테프론시트를 올려준 뒤 종이에 그려 넣은 비춰지는 크기 모양대로 짜면 된다. 반죽을 짠 후 종이를 빼고 말린 뒤 굽는다. 이렇게 팬을 준비한다.

12 마카롱 반죽에 들어가는 아몬드가루와 분당은 한 번에 계량한 뒤 푸드프로세서(분쇄기)에 넣고 살짝만 돌려 고루 섞고 갈아서 사용한다. 살짝만 갈아 섞은 재료를 꺼내어 다시 체에 두 번 정도 내려 준비한다.

13 믹싱볼에 흰자와 난백가루를 넣고 약간 거품을 올리고, 설탕을 절반 정도 넣고 계속해서 거품을 단단하게 올린다.

14 남은 설탕도 두 번 정도 나눠 넣고 뿔이 뾰족하게 서는 단단한 머랭으로 거품을 올린다. 어느 정도 단단해진 머랭에 퍼플 색소를 살짝만 찍어 넣어 섞는다. 레드 색소는 퍼플 색소보다 훨씬 적은 양으로 찍어 넣고 섞는다.

15 원하는 색이 나오면 좀 더 돌려 섞어 단단한 머랭으로 만든다.

16 아몬드가루와 분당을 모두 넣고 주걱으로 가루가 보이지 않게 고루 섞는다.

17 스크래퍼를 사용해서 반죽을 으깨듯 볼에 치대 섞어 윤기나는 반죽으로 만든다.

18 너무 오래 치대 섞으면 너무 묽어지니 반죽을 떨어뜨려 보았을 때 리본을 그리며 떨어지는 자국이 천천히 사라지는 정도면 된다.

19 지름 1cm~1.2cm 정도의 원형깍지를 끼운 짤주머니에 반죽을 담는다.

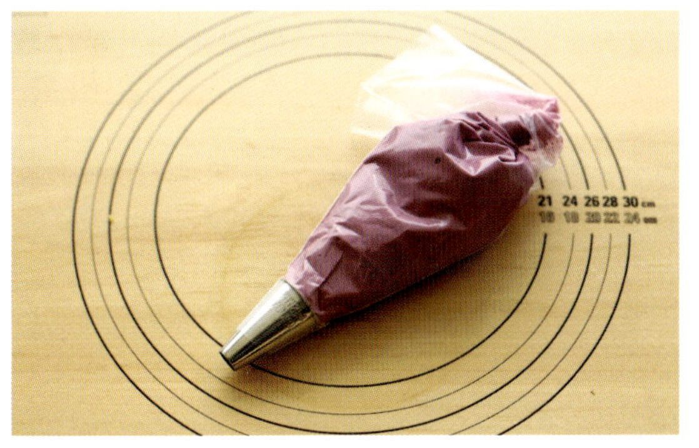

20 테프론시트 아래 깔아둔 모양의 크기대로 반죽을 원형으로 짜고, 아래 받쳤던 종이를 뺀다. 오븐팬을 들어 아랫부분을 손으로 통통 쳐서 반죽을 약간 더 퍼지게 만들고, 실온에서 그대로 30~40분 정도 말린다.

21 손으로 만져보았을 때 반죽이 묻지 않는 정도로 말린다. 160℃로 미리 예열해둔 오븐에 넣고 온도를 130도로 내린 뒤 15~18분 정도 굽는다.

22 얼려둔 아이스크림을 꺼내 마카롱 껍질 사이에 붙여 샌드한다. 아이스크림은 원하는 크기의 원형틀로 찍어서 사용하면 더 깔끔한 모양으로 샌드할 수 있다. 그대로 먹거나 냉동고에 보관할 때에는 밀봉을 잘해 넣어두면 좋다.

망디앙 초콜릿

실리콘 모양틀이 없는 경우에는 종이호일 위에 초콜릿을
둥근 모양으로 짜준 뒤 토핑재료를 올려 굳혀도 됩니다.

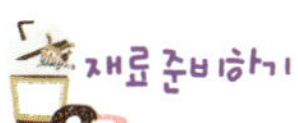

재료 준비하기

분 량 : 지름(길이) 4cm로 40개 정도, 두께에 따라 수량 조절 가능

재 료 : 다크초콜릿 커버쳐 200g, 반건조 무화과 20g, 호두 20g, 피스타치오 20g, 아몬드 20g, 크랜베리 20g

도 구 : 중탕용 스텐볼, 주걱, 온도계, 실리콘 모양틀, 비닐 짤주머니

○1 토핑 재료들을 먹기 좋은 크기로 자른다.

○2 초콜릿은 템퍼링을 해야 하기 때문에 볼 아래에 따뜻한 물을 받치고 물이 튀어 들어가지 않도록 주의하면서 초콜릿을 녹인다.

○3 다크초콜릿의 템퍼링 첫 단계인 온도 올리기이다. 천천히 계속 초콜릿을 저으면서 45~50℃의 온도가 되도록 올린다.

○4 온도를 27℃ 정도로 내리기 위해 차가운 물을 아래에 받치고 천천히 계속 젓는다.

○5 마지막으로 초콜릿의 온도를 31~32℃ 정도로 살짝만 올려 안정적인 상태로 만든다.

06 템퍼링을 완료한 초콜릿을 비닐 짤주머니에 넣는다.

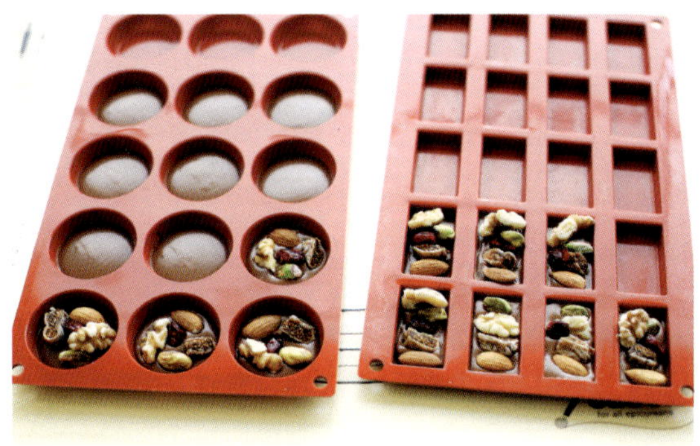

07 실리콘 모양틀에 초콜릿을 얇게 짜고, 토핑용 재료들을 한 가지씩 고루 올려준 뒤 시원한 곳에서 굳힌다.

소금 바닐라 생캐러멜

일반 소금보다 프랑스산 천일염인 플뢰르 드 셀을 사용해야 맛이 좋아요.
플뢰르 드 셀이 없을 때에는 생략하고 기본 바닐라 생캐러멜로 만들어보세요.
캐러멜은 실온에 두면 많이 부드러워지기 때문에 꼭 냉장 보관하세요.

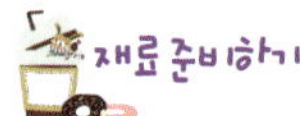

분 량 : 13cm×13cm 사각무스틀 1판

재 료 : 버터 25g, 물엿 50g, 설탕 150g, 생크림 175g, 바닐라빈 1/2개, 플뢰르 드 셀(천일염) 3g

도 구 : 냄비 2개, 내열주걱, 종이호일, 13cm×13cm 크기 사각무스틀이나 생초콜릿틀, 바트 1개

226

○1 냄비에 설탕과 물엿, 버터를 함께 넣고 중불에 올려 연한 갈색이 될 때까지 끓인다.

○2 설탕이 거의 녹아 색이 날 때쯤 다른 냄비에 생크림과 바닐라빈, 플뢰르 드 셀(2g)을 넣고 바르르 끓어오르기 직전까지만 뜨겁게 데운다.

○3 설탕이 모두 녹아 베이지색이나 연한 갈색이 되면 불을 끄고 데운 생크림을 조금씩 흘려 넣고 고루 섞는다. 생크림을 넣을 때에 바르르 끓어 넘칠 수 있으니 꼭 조금씩 넣어가며 섞는다.

○4 다시 중불에 올려 주걱으로 계속 저으면서 캐러멜 반죽의 온도를 올린다. 온도계가 있으면 117~118℃ 정도가 될 때까지 뭉근하게 끓인다.

05 온도계가 없으면 캐러멜 반죽을 찬물에 조금 떨어뜨려 본다. 풀어지지 않고 말랑말랑 뭉칠 정도까지만 끓여주면 된다. 온도를 더 높이 올릴수록 캐러멜이 단단해진다.

06 충분히 끓인 캐러멜 반죽을 무스틀이나 생초콜릿틀에 붓고, 종이호일을 깔은 바트 위에 올린다. 캐러멜 위에 플뢰르 드 셀 1g을 솔솔 뿌리고 완전히 식힌 후 냉장고에 넣어 단단하게 굳힌다.

07 굳힌 캐러멜을 꺼내 틀에서 분리하고, 먹기 좋은 크기로 자른다. 포장지는 캐러멜이 들러붙지 않는 왁스페이퍼나 종이호일을 사용한다.

퐁당 쇼콜라

퐁당 쇼콜라는 완전히 굽는 디저트가 아닌 초콜릿이 흘러내릴 수 있도록
30~40% 정도만 구워 뜨거울 때 먹는 디저트랍니다.

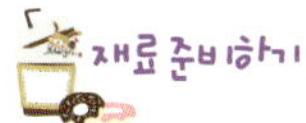
재료 준비하기

분 량 : 머핀컵 4개

재 료 : 달걀 2개, 비정제 황설탕 60g, 바닐라파우더 약간, 버터60g, 다크초콜릿 150g, 박력분 25g, 코코아가루 15g,
슈가파우더나 데코스노우 약간, 블루베리나 딸기 조금

도 구 : 믹싱볼, 거품기, 체, 머핀컵, 짤주머니, 주걱, 오븐팬

229

01 초콜릿과 버터를 한 번에 계량해서 중탕으로
　　녹인다.

바닐라파우더 대신 바닐라빈을
넣어도 좋아요.

02 달걀을 볼에 넣고 풀어준 뒤 비정
　　제 황설탕과 바닐라파우더를 넣고
　　섞는다.
　　녹여둔 초콜릿과 버터를 모두 넣어
　　섞는다.

03 반죽에 박력분과 코코아가루를 체에 내려 넣고 섞어, 짤주머니에 반죽을 넣는다.

04 높이가 낮은 머핀컵에 반죽을 70~80% 정도 나눠 담는다. 180℃로 미리 예열된 오븐에 넣고 10분 정도 굽는다. 퐁당 쇼콜라 위에 슈가파우더나 데코스노우를 뿌려 장식하고 블루베리나 딸기를 얹으면 완성이다.

코코넛 머랭쿠키

말차가루나 백련초가루 등을 넣고 다양한 색감의 머랭쿠키를 만들면 선물용으로도 좋고,
보기에도 예쁜 머랭쿠키가 만들어져요.

재료 준비하기

분 량 : 스푼으로 떠서 20개 정도
재 료 : 달걀흰자 2개(대략 72~76g이면 적당), 슈가파우더 90g, 콘스타치(옥수수전분) 3g, 코코넛채 60g
도 구 : 믹싱볼, 핸드믹서기(거품기), 주걱, 오븐팬, 스푼

○1 달걀흰자를 깨끗한 볼에 넣고 거품을 약간 올리고, 슈가파우더를 세 번 정도 나눠 넣어 섞는다. 뿔이 뾰족하게 서는 단단한 머랭으로 만든다.

○2 체에 내린 전분과 코코넛채를 넣고 주걱으로 고루 섞는다.

○3 스푼 2개를 사용해 머랭을 오븐팬에 올린다. 하나로 푹 떠서 다른 스푼으로 오븐팬 위에 살짝 떼어 올린다. 모양은 취향껏 떠 올린다. 100~120℃로 예열한 오븐에 넣고 1시간 30분에서 2시간 정도 수분을 날리듯 낮은 온도로 오래 굽는다.

쇼콜라 쇼 (핫초코)

쇼콜라 쇼는 한겨울에 따뜻하게 마시면 좋은 달콤한 핫초코 음료랍니다.
여름에는 얼음을 넣어 만들면 아이스 쇼콜라 쇼로도 마실 수 있어요.
코코아가루가 없으면 다크초콜릿을 10~20g 정도 더 추가해서 우유랑 끓이면 좋아요.

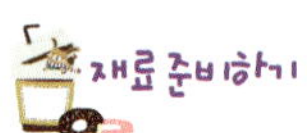
재료 준비하기

분량 : 2인분
재료 : 우유 300g, 무가당 코코아가루 10g, 다크초콜릿 40g, 밀크초콜릿 40g
도구 : 냄비, 거품기

○1 냄비에 우유와 코코아가루, 다크초콜릿을 넣어 약불이나 중불에서 살짝 끓인다.

쇼콜라 쇼를 마실 때 휘핑한 생크림을 곁들이면 부드럽게 마실 수 있어요.

○2 초콜릿과 가루가 보이지 않도록 잘 저어 끓인 뒤 컵에 담아내면 완성이다.

패션5
한강진역
이태원로
서울용산
국제학교
리쉬스벨루
제일기획
글래머러스
펭귄
르와지르
브레드 쇼
이태원 디저트
경리단길로 대표되는 이태원은
서울에서 세계의 문화를
가장 빠르게 느낄 수 있는 곳이다.
세계 각국의 음식을 즐기고 싶다면
지금 이태원으로 떠나보자.
그랜드하얏트
서울
키세키
밴스 쿠키
이태원로
케르반
이태원119
안전센터
카롱카롱
비비컵케이크
레이디엠
프랭크
경리단로
마애(MAILLET)
마이스윗
몬스터컵케이크
롤링 크레페
이태원
초등학교
중앙하이츠
이태원우체국
해크니
이태원지하차도
녹사평대로

Part.4

이태원

블루베리 샤를로트
(블루베리 무스케이크)

지름 13cm 틀에 할 땐 틀보다 비스퀴를 훨씬 높게 짜서 구워 만들어야 무스가 많이 들어가요.
1호 틀에 할 경우엔 틀의 높이로 짜서 만들고, 무스에 들어가는 재료 중에서
무가당 플레인 요구르트 대신 크림치즈와 마스카포네치즈를 섞어서 사용해도 맛있어요.

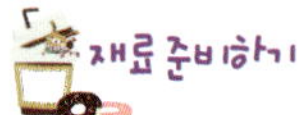

재료 준비하기

분 량 : 지름 13cm 미니 무스틀 1개
재 료 : 생블루베리 적당히, 슈가파우더나 데코스노우 약간

　블루베리 퓨레 : 블루베리 300g, 비정제 황설탕 30~40g, 레몬즙 15g
　비스퀴 : 달걀흰자 2개, 달걀노른자 2개, 설탕 60g, 박력분 62g, 슈가파우더 적당히
　블루베리 요구르트 무스 : 블루베리 퓨레 100g, 생크림 100g, 무가당 플레인 요구르트 100g, 판젤라틴 3.5g,
　　비정제 황설탕 23g
　절인 블루베리 : 블루베리 약 40g, 비정제 황설탕 5g, 블루베리 리큐르(또는 카시스 리큐르) 약 10g
　시럽 : 블루베리 퓨레 약간

도 구 : 믹싱볼, 내열주걱, 핸드믹서기, 핸드블렌더, 거품기, 칼, 오븐팬, 종이호일, 무스틀, 냄비, 붓, 원형깍지, 짤주머니, 체

238

O1 **블루베리 퓨레를 만든다.** 블루베리에 비정제 황설탕과 레몬즙을 넣어 섞고, 설탕이 녹도록 그대로 조금 절인다. 설탕이 모두 녹아 절여지면 중불에 올려 저어가면서 10~15분 정도 끓인다.

O2 뜨거울 때 핸드블렌더로 곱게 갈아 열탕으로 소독한 유리병에 넣는다. 무스에 넣고도 남는 넉넉한 양이기 때문에 병에 보관해두면 된다.

O3 무스에 사용할 퓨레를 100g 정도 계량해서 냄비에 미리 담아둔다.

○4 **비스퀴를 만든다.** 팬에 유산지를 미리 깔아 준비해둔다. 볼에 달걀흰자를 풀고, 거품기로 어느 정도 몽글몽글 거품을 살짝 올린다. 설탕을 서너 번에 조금씩 나눠 넣어가며 섞어서 뿔이 뾰족하게 서는 단단한 머랭이 되도록 한다.

○5 단단한 머랭에 달걀노른자를 한 번 휘휘 풀어 넣고 서너 번만 주걱으로 슬슬 섞는다. 박력분을 체에 두 번 정도 내려 넣고 주걱으로 크게 크게 저어 섞는다. 지름 8mm나 1cm 원형깍지를 끼운 짤주머니에 넣는다.

○6 무스틀의 옆 부분에 둘러줄 반죽은 무스틀보다 높은 길이의 막대모양으로 쭉쭉 붙여 짜고, 바닥과 중간에 깔아줄 반죽도 무스틀 지름과 비슷하게 원형으로 짠다. 남는 반죽은 장식으로 올릴 하트모양이나 원형으로 동글동글 짠다. 반죽 위에 슈가파우더를 체로 두 번 정도 솔솔 뿌린다.

07 180℃로 예열된 오븐에서 10~12분 정도 굽는다. 살짝 식힌 비스퀴는 무스틀 옆면에 둘러줄 용도로 아래쪽만 잘라내고, 원형 비스퀴도 무스틀보다 약간 작게 잘라둔다.

08 무스틀 안쪽으로 옆면에 두를 비스퀴를 촘촘하게 세우고, 원형으로 자른 비스퀴도 바닥에 깐다. 무스 중간에 들어갈 비스퀴도 미리 잘라 준비해둔다.

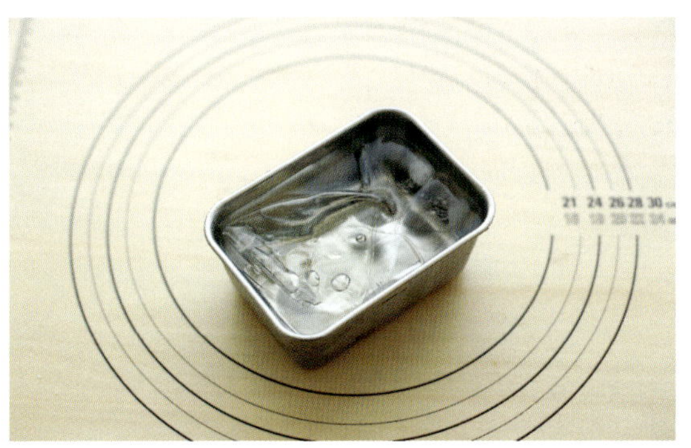 

09 **무스를 만든다.** 무스에 들어가는 판젤라틴은 얼음물에 10분 정도 담가 불린다. 블루베리와 비정제 황설탕, 리큐르를 섞어 설탕에 절여둔다.

10 차가운 생크림을 넣은 볼을 얼음물에 넣고, 거품기로 거품기 돌아가는 자국이 나기 시작할 때까지만 휘핑해 냉장고에 넣어둔다. 생크림이 너무 단단하면 퍼져서 잘 섞이지 않으니 무스크림 같은 상태로 휘핑한다.

11 냄비에 담아둔 블루베리 퓨레에 비정제 황설탕을 넣고 섞어 중불이나 약불에 올려 살짝만 끓인다. 퓨레가 끓기 시작하면 불에서 내려 불린 판젤라틴을 건져 물기를 짜서 넣고 거품기로 고루 섞는다.

12 퓨레를 한김 식힌 후 플레인 요구르트를 넣어 섞는다.

13 냉장고에 넣어둔 휘핑한 크림을 꺼내어 한번 다시 살짝만 휘핑하고 퓨레에 1/3 정도만 덜어 넣고 거품기로 섞는다. 남은 휘핑한 크림을 전부 넣고 주걱으로 섞으면 블루베리 요구르트 무스가 완성이다.

14 절여둔 블루베리와 시럽으로 쓸 블루베리 퓨레도 준비한다.

15 깔아둔 원형 비스퀴와 중간에 넣는 비스퀴에 붓으로 블루베리 퓨레를 바른다.

16 블루베리 요구르트 무스를 절반 정도 채우고, 절인 블루베리를 절반 정도 뿌린다. 원형 비스퀴를 넣고 남은 무스를 채우고 절인 블루베리를 뿌린다. 그대로 냉동고에 2~3시간 정도 넣어 단단하게 굳힌다.

17 장식용으로 짜둔 비스퀴는 한 면에 남은 무스크림을 발라 붙여 동글동글한 모양을 만들어 준비한다. 냉동고에서 단단하게 굳은 무스케이크를 꺼내 무스틀을 제거하고, 윗면에 생블루베리와 장식용 비스퀴를 올리면 완성이다. 윗면에 데코스노우나 슈가파우더를 뿌려 마무리하면 더욱 먹음직스럽다.

바나나 푸딩

푸딩이나 슈크림에 들어가는 커스터드 크림은 빨리 써야 해요.
며칠 동안 냉장고에 넣어두더라도 세균번식이 쉽기 때문에 바로 먹는 편이 제일 좋아요.

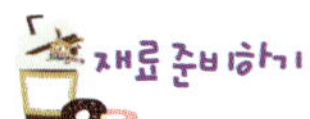

분 량 : 지름 7cm × 높이 9.5cm 원통형 플라스틱용기 3개
재 료 : 생크림 200g, 설탕 18g, 바나나 3개
　　　　　계란쿠키(지름 3.5cm 43개) : 버터 70g, 설탕 60g, 소금 약간, 달걀 1개, 달걀노른자 1개, 바닐라빈 약간,
　　　　　　　　　　박력분 100g, 아몬드가루 20g, 슈가파우더 20g
　　　　　커스터드 크림 : 우유 250g, 바닐라빈 1/2개, 달걀노른자 40g, 설탕 60g, 옥수수전분 20g
도 구 : 핸드믹서기, 거품기, 믹싱볼, 체, 주걱, 비닐 짤주머니, 오븐팬, 푸딩용기, 원형깍지, 바트

○1 푸딩에 들어가는 쿠키를 만든다. 시판 쿠키를 사용해도 되지만, 직접 간단하게 만들 수 있다. 쿠키를 적은 양으로 만들려면 레시피의 절반 분량만 계량해서 만든다. 볼에 부드러운 버터를 넣어 풀고 설탕과 소금을 넣어 섞는다.

○2 달걀노른자와 달걀을 순서대로 넣어 분리되지 않게 섞는다. 바닐라빈도 있으면 약간만 긁어 넣어 섞고, 박력분과 아몬드가루, 슈가파우더를 한 번에 체에 내려 넣고 주걱으로 고루 섞는다.

○3 원형깍지를 끼운 짤주머니에 반죽을 넣는다.

04 오븐팬 위에 약간의 간격을 두고 지름 3.5cm 크기로 일정하게 반죽을 짠다. 170℃로 미리 예열된 오븐에 넣어 15~20분 정도 노릇하게 구운 뒤 식히면 완성이다.

05 커스터드 크림을 만든다. 우유와 바닐라빈을 긁어서 냄비에 넣고 살짝 끓인다.

06 다른 볼에 달걀노른자를 넣고 풀어준 뒤 설탕을 넣어 고루 섞는다. 설탕이 뽀얗게 잘 섞이면 옥수수전분을 넣어 섞는다.

○7 살짝 끓인 우유를 노른자 반죽에 모두 넣고 재빨리 섞는다.

○8 반죽을 체에 걸러 냄비에 담는다.

○9 중불에 올려 거품기로 계속 저어주면서 큰 거품이 뽁뽁 올라올 정도로 크림을 매끈하고 걸쭉하게 끓인다.

10 바트에 크림을 펴 담고 윗면에 공기층이 없도록 랩을 잘 밀착시켜준 뒤 얼음 위에 올리거나 냉장고에 넣어 식힌다.

11 차가운 생크림은 얼음물에 받쳐 차가운 상태를 유지하면서 거품을 올린다. 설탕을 넣고 섞으면서 단단하게 휘핑한다.

12 식힌 커스터드 크림을 볼에 넣고 거품기로 덩어리가 없도록 매끄럽게 풀어준 뒤 단단하게 휘핑한 생크림을 두세 번에 나눠 넣고 주걱으로 고루 섞는다. 완성된 크림은 원형깍지를 끼운 짤주머니에 넣어둔다.

13 푸딩용기 1개에 바나나 1개씩 들어간다. 바나나는 적당한 크기로 슬라이스한다.

14 푸딩용기에 크림을 살짝 짜서 채우고, 계란과자를 2개 정도 넣고, 슬라이스한 바나나도 3~4조각 정도 채운다. 다시 크림→과자→바나나 순서로 윗면까지 가득 채운다.

15 맨 윗면은 크림으로 채우고 스페튤라로 평평하게 크림을 깎는다. 뚜껑을 닫아 그대로 냉장고에 넣어 차갑게 보관했다가 먹으면 맛있는 바나나 푸딩이 된다.

롤케이크를 자를 때에는 빵칼이나 식칼을 따뜻한 물에 담갔다가 물기를 닦고 자르면 깔끔하게 잘려요.

 재료 준비하기

분 량 : 30cm×30cm 롤케이크팬 1개

재 료

롤케이크 시트 : 달걀노른자 5개, 노른자용 설탕 30g, 꿀 10g, 생크림 15g, 달걀흰자 4개, 흰자용 설탕 80g, 박력분 90g(15g씩 6개로 나눠 계량), 식용색소 약간씩(윌튼색소기준 레몬옐로우, 레드레드, 켈리그린, 바이올렛, 로얄블루 사용)

크림 : 생크림 200g, 홍차가루 1g, 바닐라빈 약간, 설탕 15g

도 구 : 믹싱볼, 핸드믹서기(거품기), 주걱, 스페튤라, 체, 유산지(종이호일), 1cm 지름 원형깍지, 짤주머니, 롤케이크팬 (또는 오븐팬)

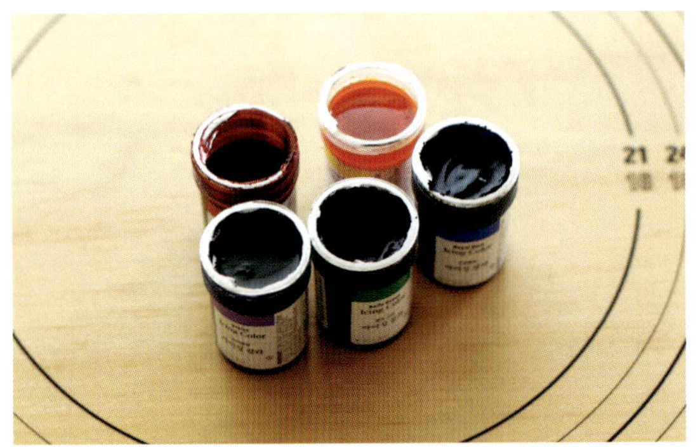

○1 색소는 5가지 색상을 준비해 각각 조금씩 섞어 색을 만들고, 주황색의 경우는 레몬옐로우와 레드레드 색상을 조금씩 섞으면 만들어진다.

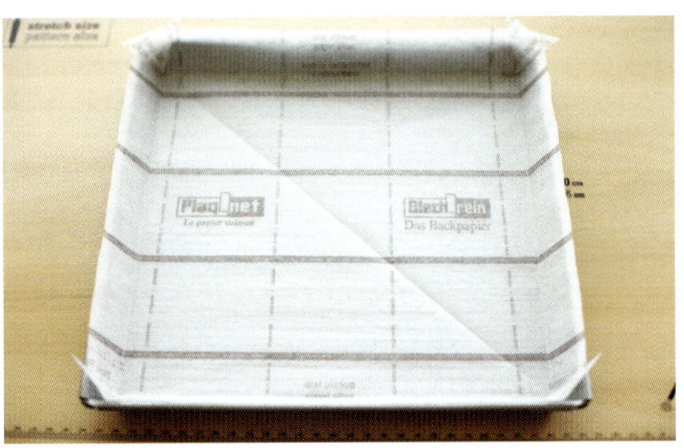

○2 유산지나 종이호일을 롤케이크 전용팬이나 비슷한 크기의 오븐팬에 깔아 준비해둔다.

○3 6가지 색상으로 재빨리 만들어 재빨리 팬에 채워 구워야 하기 때문에 원형깍지도 6개를 준비해서 짤주머니에 끼운 후 반죽을 만들고 바로 채울 수 있도록 종이컵 등에 벌려서 끼워 준비한다. 채운 반죽이 흘러나오지 않게 짤주머니를 꺾어 세워 끼워둔다.

○4 6가지 색상으로 만드는 과정이기 때문에 모든 과정을 바로 만들 수 있도록 준비해둔다. 박력분도 한 번에 섞는 것보다 각각 색소와 함께 섞어야 반죽이 꺼지지 않기 때문에 각각 15g씩 계량해서 체에 내려둔다.

○5 준비가 모두 되었으면 롤케이크 시트를 만든다. 볼에 달걀노른자를 넣고 풀어준 뒤 설탕과 꿀을 넣고 섞는다. 반죽의 거품을 풍성하고 뽀얗게 올려 섞은 후, 차갑지 않은 생크림을 넣고 섞는다. 섞은 반죽의 윗면이 마르지 않게 랩을 덮어둔다.

○6 머랭을 만든다. 달걀흰자를 풀어 약간만 거품을 올리고 설탕의 1/2 정도를 넣고 고루 섞어 거품을 단단하게 올린다. 남은 설탕도 두 번 정도 나눠 넣어가며 뿔이 뾰족하게 서는 단단한 머랭으로 만든다.

○7 노른자 반죽에 머랭을 세 번 정도 나눠 넣으며 주걱으로 고루 섞는다. 반죽을 6개로 나눠 각각 볼에 담는다. 달걀의 크기나 섞는 과정에 따라 약간 오차가 있지만 1개 반죽이 대략 56~58g 정도다.

08 각각의 반죽에 박력분을 체로 내려 넣고 색소도 젓가락 같은 꼬치로 푹 찍어서 반죽에 넣고 섞는다. 색소는 한두 번 정도 찍어 넣으면 색이 잘 나온다.

09 6가지 색상의 반죽을 만든다. 되도록 반죽이 꺼지지 않도록 크게 저어 재빨리 섞는다.

10 원형깍지를 끼운 짤주머니에 반죽을 색상별로 담는다.

11 유산지를 깔아둔 오븐팬에 무지개 색상 순서로 대각선 방향으로 반죽을 2~3줄씩 쭉쭉 짠다. 반죽을 중심 대각선부터 짜면 모양을 수월하게 만들 수 있다. 반죽을 짜서 채워준 뒤 170℃로 미리 예열된 오븐에 넣고 8~10분 정도 굽는다.

12 크림을 만든다. 볼 아래에 받칠 얼음물을 준비하고, 생크림 담은 볼을 얼음물에 담가 차가운 상태를 유지하면서 거품을 올린다. 생크림을 약간 풀고 설탕을 넣고 섞는다.

13 홍차가루를 넣고 고루 섞어 거품을 단단하게 올린다. 거품기 돌아가는 자국이 선명하게 남을 정도로 뻑뻑하고 단단하게 올린다.

14 한김 식힌 롤케이크 시트의 유산지를 살살 떼어내고, 구운 면이 위로 오도록 놓고 크림을 스페튤라로 펴 바른다.

15 시트를 유산지로 감싸 김밥을 마는 것과 같이 양손으로 꼼꼼하게 감싸 쥐고 돌돌 만다. 말아준 롤케이크는 유산지로 감싸서 그대로 냉장고에 30분 이상 넣어둔다.

16 롤케이크를 꺼내어 빵칼이나 칼로 자르면 완성이다.

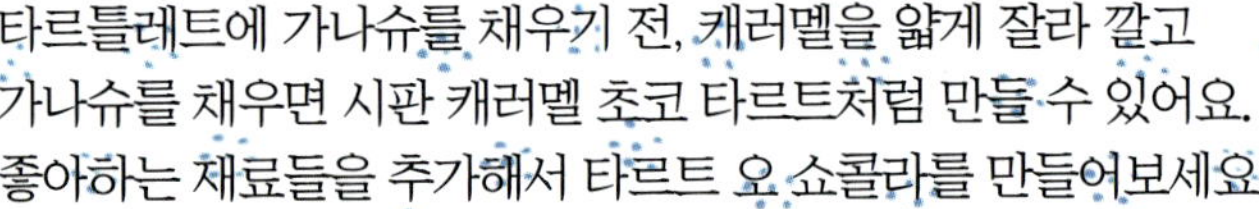

타르트
오 쇼콜라

타르틀레트에 가나슈를 채우기 전, 캐러멜을 얇게 잘라 깔고
가나슈를 채우면 시판 캐러멜 초코 타르트처럼 만들 수 있어요.
좋아하는 재료들을 추가해서 타르트 오 쇼콜라를 만들어보세요.

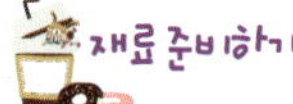

분 량 : 지름 7cm 타르트틀 약 12개

재 료 : 과일잼 약간(취향에 따라 생략 가능)

    타르트지 : 버터 80g, 슈가파우더 40g, 소금 약간, 달걀 28g, 박력분 130g, 아몬드가루 20g, 바닐라파우더 약간,
덧가루용 박력분 약간

    가나슈 : 다크초콜릿 100g, 밀크초콜릿 100g, 생크림 100g, 꿀 15g, 버터 20g

도 구 : 믹싱볼, 거품기, 체, 냄비, 내열주걱, 스크래퍼, 짤주머니, 지름 7cm 타르트틀이나 머핀틀, 머핀유산지, 비닐팩이나
랩, 원형쿠키틀

01 타르트지를 만든다. 박력분과 아몬드가루, 슈가파우더, 소금, 바닐라파우더를 한 번에 체에 내려 볼에 넣고 차가운 버터도 잘라 넣는다. 스크래퍼로 버터를 잘게 잘라주면서 가루와 잘 섞는다.

02 어느 정도 버터가 잘라지면 손으로 잘 섞이도록 으깨면서 보슬보슬하게 손으로 살살 비벼주면서 섞는다. 계란을 풀어서 넣고, 스크래퍼를 사용해서 자르듯 섞으며 반죽을 뭉친다.

03 작업대로 반죽을 옮기고 손바닥으로 앞쪽 방향으로 반죽을 밀어 치대 섞는다. 세 번 정도 앞쪽방향으로 밀어 치댄다. 스크래퍼로 반죽을 모아 비닐에 넣고 평평하게 반죽을 누른 뒤 냉장고에 1시간 정도 넣어 휴지한다.

04 휴지한 반죽을 꺼내 덧가루를 뿌리면서 2mm 두께로 고르게 민다. 밀어준 반죽을 지름 10cm 원형쿠키틀로 찍는다.

05 반죽의 덧가루를 털어내고 꼼꼼하게 틀 안쪽까지 눌러 잘 밀착시킨다. 포크로 바닥부분을 몇 번씩만 콕콕 찍어주세요. 그대로 반죽이 차가워지도록 냉장고에 잠시 넣는다.

06 차가워진 반죽틀을 꺼내어 머핀유산지를 한 장씩 얹고 누름돌을 채워서 미리 180℃로 예열해둔 오븐에 넣어 20분 정도 굽는다.

07 구운 뒤 재빨리 팬을 꺼내어 누름돌을 유산지째로 들어내고, 타르틀레트만 틀째 그대로 넣어 노릇노릇해지도록 10분 정도 더 굽는다. 식힌 타르틀레트에 좋아하는 잼을 얇게 발라 준비해둔다. 잼이 싫다면 초코 스펀지케이크를 얇게 슬라이스해 깔아도 좋다.

08 가나슈를 만든다. 냄비에 생크림과 꿀을 넣어 살짝 끓이고, 믹싱볼에 다크초콜릿과 밀크초콜릿을 넣어
중탕으로 녹인다.

09 녹인 초콜릿에 생크림을 조금씩 흘려 넣으며 주걱으로 살살 고루 저어 섞는다. 따뜻할 때 부드러운 버
터도 넣어 섞는다. 타르틀레트에 채우기 쉽도록 짤주머니를 이용하면 좋고, 없으면 그대로 채워도 된다.

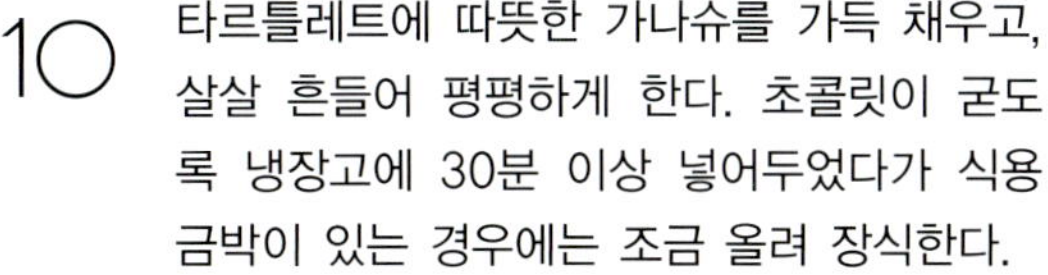

10 타르틀레트에 따뜻한 가나슈를 가득 채우고,
살살 흔들어 평평하게 한다. 초콜릿이 굳도
록 냉장고에 30분 이상 넣어두었다가 식용
금박이 있는 경우에는 조금 올려 장식한다.

당근케이크

케이크에 들어가는 포도씨유는 식용유나 다른 식물성 오일로 대체해도 돼요.
다만 올리브 오일의 경우 특유의 향이 강하기 때문에 향이 없는 오일로 사용해주세요.

재료 준비하기

분 량 : 지름 13~15cm 원형틀 1개
재 료

    케이크 : 달걀 2개, 황설탕 90g, 소금 약간, 포도씨유 55g, 박력분 120g, 아몬드가루 20g, 베이킹파우더 3g, 베이킹
                   소다 1g, 시나몬파우더 1g, 넛맥 약간, 당근 120g, 다진 호두 40g
    크 림 : 크림치즈 100g, 생크림 50g, 슈가파우더 15g, 레몬즙 약간

도 구 : 믹싱볼, 핸드믹서기(거품기), 주걱, 스페튤라, 종이호일(유산지), 원형틀

○1 호두를 180℃ 오븐에 넣어 5~7분 정도 타
지 않게 살짝만 구워 식혀둔다.

○2 당근은 얇고 작게 채 썬다.

○3 믹싱볼에 달걀을 넣어 풀고 황설탕을 넣어 설탕이 녹을 정도로 뽀얗게 섞는다.

○4 오일을 조금씩 흘려 넣으면서 고루 섞고, 박력분, 베이킹파우더, 베이킹소다, 시나몬파우더, 아몬드가루
를 한 번에 체에 내려준 뒤 넣어 주걱으로 고루 섞는다.

05 채 썬 당근을 넣어 섞고, 식힌 호두도 넣어 고루 섞는다.

06 유산지를 깔아둔 원형틀에 반죽을 채우고 160~170℃로 미리 예열된 오븐에 넣어 35~40분 정도 굽
는다.

07 구운 케이크는 틀에서 바로 분리해 식히고, 어느 정도 식힌 케이크를 도톰하게 3개 정도로 슬라이스한다.
윗면의 터진 부분은 잘라내고 사용하면 깔끔하게 케이크를 만들 수 있다.

08 믹싱볼에 크림치즈를 넣고 거품기로 풀어준 뒤 슈가파우더와 레몬즙을 넣고 고루 섞는다. 레몬즙은 취향에 따라 생략해도 된다. 생크림도 넣고 고루 섞는다.

09 크림을 잘라둔 3장의 케이크에 스페튤라로 얇게 펴 바른다. 층층이 크림을 발라 케이크를 쌓으면 완성이다.

딸기 비스퀴 롤케이크

비스퀴를 만들 때 반죽 사이에 틈이 없이 짜면 좀 더 도톰하게 구울 수 있어요.
살짝 틈이 있게 짜면 그보다 좀 더 얇게 구워진답니다.
지름이 작은 원형깍지를 이용하면 얇은 비스퀴로 짜서 구울 수 있고,
지름이 큰 깍지를 사용하면 도톰한 비스퀴로 만들 수 있어요.

재료 준비하기

분 량 : 30cm×25cm 오븐팬 1개 또는 30cm×30cm 오븐팬 1개

재 료 : 딸기 1팩

비스퀴 : 달걀노른자 3개, 달걀노른자 설탕 30g, 달걀흰자 3개, 달걀흰자 설탕 60g, 박력분 85g, 옥수수전분 5g,
슈가파우더 약간

크림 : 생크림 300g, 설탕 22g, 바닐라빈 약간

시럽 : 설탕 25g, 물 50g, 딸기 리큐르 1Ts(생략 가능)

도 구 : 믹싱볼, 주걱, 핸드믹서기(거품기), 체, 종이호일이나 유산지, 오븐팬이나 롤케이크팬, 원형깍지, 짤주머니, 스페튤
라, 칼, 냄비

262

○1 딸기는 씻어 꼭지를 따고, 물기를 제거해 준비해둔다. 시럽은 설탕과 물을 섞어 살짝 녹을 정도로만 끓여서 식힌 다음 딸기 리큐르를 섞어 만들어둔다.

○2 비스퀴를 만든다. 볼에 달걀흰자와 달걀노른자가 섞이지 않도록 각각 분리해 담고 노른자 먼저 거품을 올린다. 설탕을 넣고 뽀얗게 되도록 고루 섞는다.

○3 뽀얗게 노른자 거품이 올라오면 윗면이 마르지 않게 덮어둔다.

○4 머랭을 만든다. 흰자를 약간 풀어 거품을 살짝 올리고 설탕을 조금씩 넣어가면서 거품을 올려 뿔이 뾰족하게 서는 단단한 머랭을 만든다.

○5 노른자 반죽에 머랭을 세 번에 나눠 넣어 주걱으로 섞고, 박력분과 옥수수전분을 체에 내려 넣어 섞는다.

○6 지름 8mm 또는 1cm 원형깍지를 끼운 짤주머니에 반죽을 넣고, 유산지나 종이호일을 깔아둔 오븐팬에 대각선 방향으로 짜서 채운 뒤 체로 슈가파우더를 두 번 정도 솔솔 뿌린다.

○7 180℃로 미리 예열된 오븐에 넣고 10~12분 정도 굽는다. 구운 비스퀴는 오븐에서 꺼내자마자 팬에서 분리하여 한김 식히고 바로 크림을 올려 말아준다.

○8 크림을 만든다. 생크림을 볼에 넣고 차가운 얼음물에 볼을 담가서 차가운 상태를 유지하며 휘핑한다. 설탕과 바닐라빈을 넣고 거품기 돌아가는 자국이 나는 정도로 단단하게 휘핑한다.

09 한김 식힌 비스퀴를 뒤집어 종이호일을 떼어내고 시럽을 붓으로 고루 바르고 휘핑한 생크림을 스페튤라로 펴서 바른다. 딸기는 통으로 한 줄 올리고, 절반으로 자른 딸기를 한 줄 더 올린다.

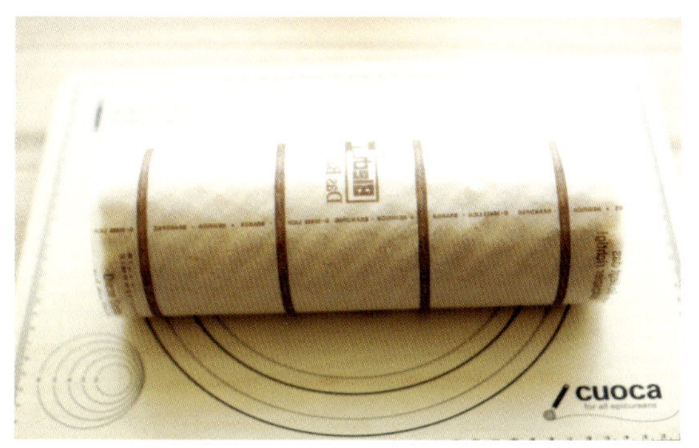

10 종이호일로 감싸서 꼼꼼하게 롤케이크를 만다. 양쪽 끝 부분을 남은 생크림을 스크래퍼로 채워서 바른다. 다시 종이호일로 잘 감싸서 냉장고에 30분 이상 넣어둔다.

11 원형깍지를 끼운 짤주머니에 남은 생크림을 약간만 넣고 차갑게 보관한 롤케이크를 꺼내어 롤케이크 윗면에 조금씩 짜올리고 자른 딸기를 올려 장식한다.

바닐라 캐러멜 푸딩

크림치즈를 넣어 치즈푸딩으로 만들거나 커피를 추가로 넣어 커피맛 푸딩으로 만들어도 좋아요.

 재료 준비하기

분 량 : 80ml 푸딩병 4개

재 료

　　캐러멜시럽 : 설탕 50g, 따뜻한 물 50g

　　푸딩 : 달걀노른자 2개, 설탕 30g, 우유 250g, 생크림 30g, 판젤라틴 4g, 바닐라빈 1/4개

도 구 : 냄비, 내열주걱, 거품기, 체, 칼, 푸딩병

○1 캐러멜시럽을 만든다. 냄비에 설탕을 넣고 중불에 올려 천천히 녹인다. 설탕이 녹아 진한 갈색이 돌면 불을 끄고 따뜻한 물을 조금씩 넣어 섞는다.

○2 다시 중불에 올려 2분 정도만 더 끓인 뒤 불에서 내리고, 다른 용기에 옮겨 완전히 식혀 차갑게 보관해둔다.

○3 푸딩에 들어가는 판젤라틴은 얼음물에 5분 이상 담가 충분히 불린다.

○4 바닐라빈은 절반으로 갈라 안쪽 씨 부분만 칼등으로 살살 긁어 사용한다.

05 우유와 생크림, 바닐라빈을 냄비에 넣고 살짝 끓인다.

06 다른 볼에 달걀노른자와 설탕을 넣고 섞는다. 고루 섞이면 살짝 끓였던 우유를 모두 넣고 섞는다.

07 냄비로 옮겨 넣고 약불에 올린다. 천천히 8자를 그리듯 저으며 걸쭉함이 생기도록 끓인다.

○8 약간 걸쭉해지기 시작하면 주걱으로 반죽을 떠서 손가락으로 긁어보고 자국이 그대로 유지되면 불을 끈다. 불린 판젤라틴의 물기를 짜준 뒤 끓인 푸딩 반죽에 넣고 주걱으로 고루 섞는다.

○9 체에 걸러 믹싱볼로 옮긴다. 얼음물이나 차가운 물에 볼을 담가 푸딩반죽을 식힌다.

10 식힌 반죽을 푸딩병에 나눠 담고 냉장고에 2~3시간 정도 넣어 차갑게 굳힌다. 먹기 직전에 차갑게 보관해둔 캐러멜시럽을 푸딩 위에 적당히 채우면 완성이다.

딸기 샌드위치

크림을 올릴 때엔 볼 아래에 얼음물을 받치고 올려야 금방 퍼지지 않고, 안정적으로 올라와요.
되도록 얼음물을 받쳐서 사용하세요. 딸기 대신 키위나 메론 등 다양한 과일을 넣어 만들어도 좋아요.

재료 준비하기

분량 : 2인 분량
재료 : 식빵 4장, 큰 딸기 12개, 생크림 200g, 마스카포네치즈 40g, 설탕 20g, 바닐라빈 약간
도구 : 믹싱볼, 거품기나 핸드믹서기, 주걱, 스페튤라, 랩, 바트

○1 딸기는 씻어 꼭지부분을 제거하고, 물기를 닦아 준비한다. 식빵은 테두리 부분을 깔끔하게 잘라둔다.

○2 볼에 치즈를 풀고 차가운 생크림을 조금 넣어 섞는다. 남은 생크림을 모두 넣고 고루 섞어 풀어준 뒤 설탕과 바닐라빈을 넣고 거품기가 돌아가는 자국이 나도록 단단하게 휘핑한다.

○3 스페튤라로 식빵 2장의 한쪽 면에 크림을 듬뿍 바른다. 크림을 바른 면에 딸기를 꽉 채워 올린다. 작은 딸기를 사용하면 더 많이 넣을 수 있다.

○4 나머지 식빵으로 덮고 지그시 누른다. 눌렀을 때 크림이 옆으로 나올 경우에는 스페튤라로 깔끔하게 정리한다.

○5 랩으로 딸기 샌드위치를 꼼꼼하게 감싸 냉장고에 30분 정도 넣어둔다. 차가워졌을 때 칼로 자르면 완성이다.

레몬껍질의 왁스성분을 제거하려면 소다나 굵은 소금으로 박박 문질러 씻고 끓는 물에 살짝 넣었다가
차가운 물에 깨끗하게 세척해 사용해주세요.
레몬 대신에 오렌지를 사용해 오렌지케이크로 만들어도 좋아요.

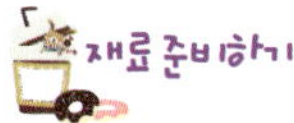

재료 준비하기

분 량 : 지름 15cm 모양 케이크틀이나 원형틀 1개

재 료 : 버터 100g, 설탕 60g, 꿀 20g, 소금 약간, 달걀노른자 4개, 달걀흰자 35g, 머랭용 설탕 10g, 생크림 35g, 레몬제스트 4g, 바닐라빈 약간, 레몬즙 15g, 레몬리큐르 15g, 박력분 120g, 옥수수전분 10g, 베이킹파우더 2g, 틀에 바를 버터 약간과 틀에 뿌릴 덧가루용 박력분 약간

   아이싱 : 슈가파우더 100g, 물 15g, 레몬리큐르 15g

※ 레몬리큐르와 바닐라빈이 없는 경우 생략 가능합니다. 아이싱에 넣는 리큐르는 물이나 우유로 대체해도 된다.

도 구 : 믹싱볼, 주걱, 핸드믹서기(거품기), 붓, 체, 모양 케이크틀, 그라인더나 강판, 식힘망

273

○1 레몬제스트를 만든다. 레몬을 소다나 굵은 소금으로 박박 문질러 깨끗하게 씻고, 껍질의 노란부분만 그라인더나 강판에 갈아서 준비해둔다. 케이크틀에는 버터를 살짝 발라 냉장고에 넣어둔다.

○2 부드러운 버터를 볼에 넣어 풀어준 뒤 설탕과 꿀, 소금을 넣고 섞는다. 버터색이 뽀얗게 되도록 섞이면 달걀노른자를 한 개씩 넣고 섞는다.

○3 레몬제스트와 바닐라빈을 약간 넣고 섞는다. 생크림을 조금씩 흘려 넣고 섞는다. 레몬즙과 레몬리큐르 (생략 가능)도 넣고 섞는다.

04 박력분과 옥수수전분, 베이킹파우더를 한 번에 체에 내려 넣고 주걱으로 섞는다.

05 머랭을 만든다. 달걀흰자를 볼에 넣어 풀고, 설탕 10g을 넣고 거품을 올려 단단한 머랭을 만든다. 반죽에 머랭을 두 번에 나눠 넣고 섞는다.

06 버터칠을 해둔 반죽틀을 냉장고에서 꺼내어 덧가루를 체로 솔솔 뿌리고, 틀을 쳐서 여분의 가루를 털어낸다.

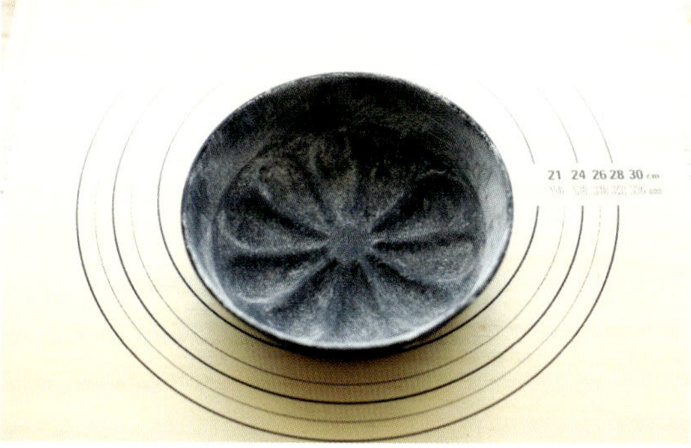

07 반죽을 채우고 170℃로 미리 예열된 오븐에 넣고 30분 정도 굽는다. 구운 케이크는 틀에서 분리해 한김 식힌다.

08 아이싱 재료를 섞어 아이싱을 만든다.

09 바트나 볼을 받친 식힘망 위에 케이크를 올리고 아이싱을 윗면에 고루 뿌린다. 그대로 말려도 되지만 케이크를 구웠던 열기가 남은 오븐에 넣어두면 금방 마른다.

오레오쿠키 컵케이크

프로스팅을 만들 때 오레오쿠키를 가루로 부셔서
함께 섞은 오레오 프로스팅 크림을 만들어도 좋아요.
프로스팅 크림을 올리고 싶지 않을 때에는
크림을 뺀 오레오 머핀도
맛있어서 만들어 선물하기 좋아요.

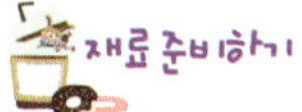
재료 준비하기

분 량 : 일반 머핀틀 6~7개

재 료

머핀 반죽 : 버터 80g, 설탕 60g, 꿀 20g, 소금 약간, 바닐라빈 약간, 달걀 1개, 달걀노른자 1개, 박력분 120g, 베이킹
파우더 1ts(4g), 생크림 60g, 크림 제거한 오레오쿠키 20g, 자른 오레오쿠키 30g

프로스팅 : 크림치즈 150g, 버터 75g, 슈가파우더 150g

장식용 : 오레오 3~4개

도 구 : 믹싱볼, 거품기(핸드믹서기), 주걱, 머핀틀, 머핀유산지, 체, 스페튤라, 짤주머니, 별깍지

277

○1 반죽에 들어가는 오레오쿠키는 크림을 칼로 떼어 제거하고 비닐에 넣고 밀대로 두들겨 잘게 부순다. 크림이 들어있는 오레오쿠키는 손으로 두세 번 정도씩만 뚝뚝 잘라둔다.

○2 믹싱볼에 부드러운 버터를 넣어 풀어준 뒤 설탕과 꿀, 소금을 넣어 섞는다.

○3 달걀과 달걀노른자를 풀어 버터 반죽에 조금씩 넣으며 섞는다. 생크림도 넣어 섞는다.

○4 박력분과 베이킹파우더를 한 번에 체에 내려 넣고 가루로 부순 오레오쿠키도 넣어 고루 섞는다. 손으로 자른 크림이 들어있는 오레오쿠키를 넣어 몇 번만 슬슬 섞는다.

○5 머핀팬에 머핀 유산지를 깔아 반죽을 나눠 담고 170℃로 예열된 오븐에 넣어 25~30분 정도 굽는다.

○6 프로스팅을 만든다. 실온에 미리 꺼내둔 크림치즈를 볼에 넣어 풀어준 뒤 부드러운 버터를 넣고 함께 풀어 섞는다. 슈가파우더를 넣어 고루 섞는다. 슈가파우더가 날릴 수 있으니 처음에는 주걱으로 조금 섞은 후 핸드믹서기로 섞으면 잘 섞인다.

07 별깍지를 끼운 짤주머니에 프로스팅 반죽을 담는다.

08 식힌 오레오 머핀 윗면에 크림을 돌려 짜올린다.

09 오레오쿠키를 절반으로 잘라 크림 윗면에 꽂고, 남은 오레오를 손으로 부셔서 솔솔 뿌리면 완성이다.

더치베이비 팬케이크

더치베이비 팬케이크는 오븐에서 꺼내자마자 뜨거울 때 먹는 독일식 팬케이크랍니다.
오븐에 구워 부풀려 먹기 때문에 겉이 살짝 바삭바삭해요.
오븐용기가 뜨겁지가 않으면 구울 때 잘 부풀지가 않아요. 꼭 버터를 넣고 녹일 때 뜨겁게 예열해서 사용하세요.

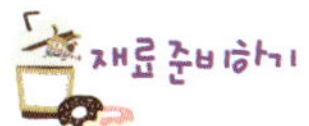
재료 준비하기

분 량 : 지름 8.5cm 미니팬 또는 오븐용기 2개
재 료 : 달걀 1개, 설탕 15g, 우유 60g, 박력분 50g, 버터 10g(5g씩 두 번 나눠 넣음), 데코스노우나 슈가파우더 약간,
여러 가지 과일 적당히, 바닐라아이스크림 1~2 스쿱, 메이플시럽 약간
도 구 : 믹싱볼, 거품기, 주걱, 체, 오븐용기나 미니팬

01 제철에 나오는 과일들로 취향껏 준비한다. 바나나는 작게 썰고, 자몽이나 오렌지 같은 과일은 속껍질을 제거해서 준비한다. 딸기나 블루베리, 포도 같은 과일이 있으면 추가로 함께 넣는다.

02 반죽을 만든다. 볼에 달걀을 넣어 풀어준 뒤 설탕과 우유를 넣고 거품기로 고루 섞는다.

03 박력분을 체에 내려 넣고 거품기나 주걱으로 섞는다.

○4 오븐용기나 미니팬에 버터를 잘라 넣고 용기가 뜨거워지도록 190~200도 오븐에 넣고 5~10분 정도 예열한다. 버터를 녹이는 동시에 오븐과 용기도 함께 예열하는 과정이다. 반죽을 2개로 나눠 담고 오븐에 넣어 10~15분 정도 굽는다.

○5 그릇모양처럼 구워진 더치베이비 팬케이크를 오븐에서 꺼내자마자 슈가파우더를 체로 솔솔 뿌리고, 아이스크림 한스쿱을 담은 뒤 과일을 듬뿍 올린다. 먹을 때 메이플시럽을 곁들인다.

홍차 사블레

홍차 색감을 위해서 홍차파우더를 사용했는데,
쿠키 반죽에 얼그레이 홍차 티백을 1개(2g) 정도 추가해 넣으면 더 향긋해져요.
쿠키 반죽의 지름을 좀 더 작게 만들면 귀여운 선물용 쿠키로 좋아요.

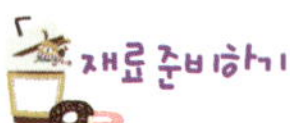
재료 준비하기

분량 : 굽기 전 반죽 기준 지름 4cm 25~30개

재료 : 버터 100g, 백설탕 50g, 비정제 황설탕 50g, 소금 약간, 달걀 30g, 박력분 190g, 홍차파우더 10g, 겉에 굴릴 설탕 약간

도구 : 믹싱볼, 주걱, 핸드믹서기(거품기), 칼, 오븐팬, 종이호일이나 랩

○1 부드러운 버터에 비정제 황설탕과 백설탕, 소금을 넣어 뽀얗게 섞는다.

○2 달걀은 따로 풀어서 조금씩 반죽에 넣어 분리되지 않게 섞는다. 박력분과 홍차파우더를 체에 내려 넣고 섞는다.

○3 반죽을 뭉쳐서 랩이나 종이호일에 감싸 지름 4cm 정도의 둥글둥글하고 긴 막대기처럼 모양으로 굴려 만든다. 그대로 냉동실에 넣어 30분~1시간 정도 단단하게 굳힌다.

04 냉동해서 꺼낸 반죽을 실온에 잠시 두었다가 설탕에 돌돌 굴려 설탕을 붙인다. 달걀흰자를 약간 바르면 더 잘 붙지만, 실온에 잠시 두었다가 그냥 굴려주기만 해도 설탕이 적당히 붙는다. 반죽을 칼로 7mm 정도 두께로 자른다.

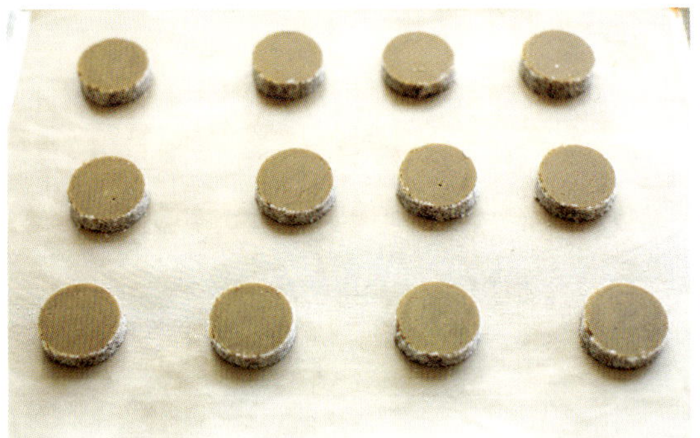

05 오븐팬에 간격을 두고 자른 반죽을 올려 180℃로 예열된 오븐에 넣어 170℃로 온도를 내린 뒤 15~20분 정도 구우면 완성이다.

더블초콜릿 쿠키

크랜베리 대신 건포도나 다른 건과류를 사용해도 좋으니 취향껏 재료를 응용해보세요.

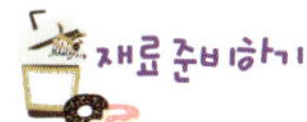

재료 준비하기

분 량 : 지름 11cm 크기 11~12개

재 료 : 버터 120g, 흑설탕 40g, 백설탕 45g, 다크초콜릿 50g, 소금 0.5~1g, 달걀 1개(52~53g), 박력분 110g, 강력분 80g, 무가당 코코아가루 8g, 베이킹파우더 1/4ts, 베이킹소다 1/4ts, 반죽에 넣을 초코칩 30g, 반죽에 넣을 크랜베리 20g, 반죽에 올릴 초코칩 20g, 반죽에 올릴 크랜베리 10g

도 구 : 믹싱볼, 거품기(핸드믹서기), 주걱, 지름 3cm 아이스크림 스쿱이나 둥근 모양의 스푼, 오븐팬

01 반죽에 들어가는 초콜릿은 중탕으로 녹여 준비해둔다. 실온에 두어 부드러워진 버터를 볼에 넣고 거품기로 풀어준 뒤 흑설탕과 백설탕, 소금을 넣고 버터 색이 뽀얗게 되도록 섞는다.

02 버터 색이 뽀얗게 되면 풀어준 달걀을 두세 번에 나눠 넣어 고루 섞고, 녹인 초콜릿도 넣어 섞는다.

03 박력분, 강력분, 코코아파우더, 베이킹소다, 베이킹파우더를 한 번에 체에 내려 반죽에 모두 넣고 주걱으로 11자를 그리며 가루가 보이지 않도록 섞는다.

04 가루가 거의 보이지 않게 섞이면 초코칩과 크랜베리를 넣어 섞는다.

05 반죽을 스푼이나 스쿱으로 11~12개 정도 팬에 떠올린다.

06 반죽을 주걱이나 손으로 지그시 눌러 둥근 모양을 만들고 초코칩과 크랜베리를 윗면에 붙이고 170℃로 미리 예열된 오븐에 팬을 넣고 15~18분 정도 구우면 완성이다.

예쁜 포장법

큼직한 쿠키는 한 개씩 비닐에 넣고, 왁스페이퍼로 포장해보세요. 먹음직한 쿠키선물 포장이 됩니다.

화이트초코칩 마카다미아 드롭쿠키

쿠키를 구울 때 간격을 넉넉히 두고 팬에 올려요. 생각보다 많이 부풀기 때문에 넉넉하게 간격이 있는 편이 좋아요.

재료준비하기

- **분 량** : 지름 11cm 11~12개
- **재 료** : 버터 120g, 소금 1g, 황설탕 45g, 백설탕 45g, 꿀 30g, 달걀 1개(52g 정도), 바닐라빈 약간, 박력분 120g, 강력분 80g, 베이킹파우더 1/4ts, 베이킹소다 1/4ts, 반죽에 넣을 화이트초코칩과 마카다미아 50씩g, 윗면에 올릴 화이트초코칩과 마카다미아 30g씩
- **도 구** : 믹싱볼, 거품기나 핸드믹서기, 주걱, 지름 3cm 스쿱, 오븐팬

○1 실온에 두어 부드러워진 버터를 볼에 넣고 거품기로 풀어준 뒤 황설탕과 백설탕, 꿀, 소금을 넣고 버터 색이 뽀얗게 되도록 섞는다.

○2 버터 색이 뽀얗게 되면 달걀을 풀어 두세 번에 나눠 넣어 고루 섞는다.

○3 박력분, 강력분, 베이킹소다, 베이킹파우더를 한 번에 체에 내려 반죽에 모두 넣고 주걱으로 11자를 그리며 가루가 보이지 않도록 섞는다.

○4 먹기 좋게 자른 마카다미아와 화이트초코칩을 넣고 주걱으로 섞는다.

○5 반죽을 스푼이나 스쿱으로 11~12개 정도 팬에 떠올린다.
올린 반죽을 주걱이나 손으로 눌러 둥근 모양을 만들고 초코칩과 마카다미아를 윗면에 꽂는다. 170℃로 미리 예열된 오븐에 팬을 넣고 15~18분 정도 구우면 완성이다.

밀크잼

밀크잼을 끓일 때 얼그레이 홍차티백을 약간 추가해 넣거나, 밀크티를 따로 우려서 우유 대신 사용하거나
또는 홍차파우더가 있을 땐 홍차파우더만 추가해서 넣고 끓이면 홍차밀크잼이 됩니다.
다양한 밀크잼으로 만들어보세요. 밀크잼은 바로 먹는 것보다 냉장고에
며칠 보관했다가 먹으면 더 맛있답니다.

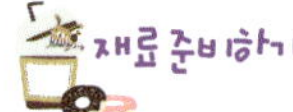
재료 준비하기

분 량 : 120ml 잼병 2개
재 료 :
　　　밀크잼 : 우유 200g, 생크림 200g, 설탕 120g, 꿀 20g, 바닐라빈 약간(생략가능)
　　　말차밀크잼 : 우유 200g, 생크림 200g, 설탕 120g, 꿀 20g(향이 없는 꿀), 말차가루 4~5g(녹차가루 대체가능)
도 구 : 내열주걱, 냄비, 잼병

292

01 기본 밀크잼을 만든다. 냄비에 모든 재료를 넣고 중불에서 끓인다. 끓기 시작하면 계속 쉬지 않고 주걱으로 천천히 저어가며 끓여야 눌어붙지 않고 타지 않는다.

02 중불에서 걸쭉해지도록 25~30분 정도 끓인다.

03 끓는 물에 미리 담가 소독해서 물기를 말려 둔 유리병에 뜨겁게 끓인 잼을 채운다.

04 잼이 뜨거울 때 뚜껑을 닫고, 거꾸로 세워 식힌다(진공으로 밀봉된다). 완전히 식고나 면 냉장고에 넣어 차갑게 보관했다 먹으면 된다.

05 말차밀크잼도 모든 과정은 같다. 모든 재료 넣고 중불에서 저어주면서 뭉근하게 끓인다.

06 말차가루가 들어가기 때문에 밀크잼보다는 빨리 걸쭉해진다. 끓기 시작하면 20~25분 정도 중불로 저어가면서 끓인다.

07 열탕으로 소독해둔 유리병에 잼이 뜨거울 때 채우고 바로 뚜껑을 닫고 거꾸로 세워 식힌 후 냉장 보관한다.

누텔라 케이크

미니 틀이 아닌 큰 틀에 한번에 구울 때에는 굽는 시간을 5~10분 정도 늘려서 구워주세요.

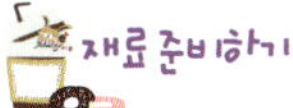

재료 준비하기

분 량 : 7cm×3.5cm 크기 미니 구겔틀 6개

재 료 : 버터 80g, 설탕 70g, 소금 약간, 달걀 2개, 바닐라빈 약간, 박력분 120g, 베이킹파우더 2g, 누텔라 100g,
틀에 발라줄 버터나 오일스프레이 약간

도 구 : 핸드믹서기(거품기), 믹싱볼, 체, 주걱, 비닐 짤주머니, 미니 구겔틀

O1 미니 구겔틀에 오일스프레이를 가볍게 분사 해두거나 버터칠을 얇게 해둔다. 볼에 부드 러운 버터를 넣어 풀어준 뒤 설탕과 소금 약 간을 넣고 섞는다.

O2 달걀은 따로 풀어 버터에 조금씩 나눠 넣어 가면서 분리되지 않게 섞는다. 바닐라빈도 약간 넣어 섞는다.

O3 박력분과 베이킹파우더를 체에 내려 넣고 주걱으로 섞는다.

O4 가루가 보이지 않게 섞인 반죽을 200g 정도 따로 볼에 덜고 누텔라를 넣어 주걱으로 섞는다.

05 누텔라 반죽과 기본 반죽을 각각 짤주머니에 담는다.

06 버터칠 해둔 미니 구겔틀에 누텔라 반죽으로 3개 채우고, 남은 3개는 플레인 반죽을 짜고 사이사이에 누텔라 반죽도 짜서 채운다. 두 가지 반죽이 살짝 섞여 마블이 되도록 젓가락 등으로 두세 번만 휘휘 젓는다. 170℃로 미리 예열된 오븐에 넣고 20~25분 정도 굽는다.

몽블랑

몽블랑을 만들 때 몽블랑크림 아래를 받쳐주는 받침대 역할로
아몬드크림 타르틀레트나 머랭과자, 샤블레쿠키로 하면 된답니다.
취향껏 머랭과자나 사블레쿠키로 대체하여 만들어도 좋아요.

재료 준비하기

분 량 : 지름 6cm 타르틀레트 틀 8~9개
재 료 : 맛밤 1봉, 나파주 약간, 데코스노우 약간

    타르트지 : 버터 80g, 슈가파우더 35g, 소금 1g, 달걀 28g, 박력분 130g, 아몬드가루 20g, 바닐라파우더 약간,
            덧가루용 박력분 약간

    아몬드크림 : 버터 50g, 슈가파우더 50g, 달걀 50g, 아몬드가루 50g

    몽블랑크림 : 마론페이스트 400g, 버터 60g, 생크림 70g, 바닐라빈 페이스트 1g(바닐라빈으로 대체 가능),
            다크 럼주 3g

    휘핑크림 : 생크림 150g, 마스카포네치즈 50g, 설탕 12g, 바닐라빈 약간

도 구 : 믹싱볼, 스크래퍼, 밀대, 비닐팩, 포크, 주걱, 거품기, 핸드믹서기, 체, 원형쿠키틀, 미니타르트틀, 스페튤라, 붓,
       비닐 짤주머니, 원형깍지, 몽블랑크림 깍지

01 타르트지를 만든다. 박력분과 아몬드가루, 슈가파우더, 소금, 바닐라파우더를 한 번에 체에 내려 볼에 넣고, 차가운 버터도 잘라 넣어 스크래퍼로 버터를 잘게 잘게 자르며 가루류와 잘 섞는다.

02 어느 정도 버터 알갱이가 잘라지면 손으로 버터와 가루가 잘 섞이도록 으깨면서 보슬보슬하게 살살 비벼 섞고, 달걀을 풀어 넣는다. 스크래퍼를 사용해서 자르듯 섞어주면서 반죽을 뭉친다.

03 작업대로 반죽을 옮기고 손바닥으로 앞쪽 방향으로 반죽을 서너 번 정도 밀어 치대 섞는다.

04 스크래퍼로 반죽을 모아 비닐에 넣고 평평하게 반죽을 누른 뒤 냉장고에 1시간 정도 넣어 휴지한다.

○5 작업대에 덧가루를 살짝 뿌리고 반죽을 사방으로 돌려가면서 밀대로 2mm 정도 두께로 민다. 지름 7cm 원형쿠키틀로 반죽을 찍는다. 미는 동안 반죽이 녹았을 수 있으니 찍고 난후 틀에 넣기 전에 잠시 냉장고에 넣어두었다가 사용한다.

○6 찍어둔 반죽을 꺼내어 틀에 올리고 손으로 반죽을 틀 안쪽에 잘 밀착시킨다. 반죽 바닥부분에 포크로 두 번 정도 찍어 공기구멍을 만들고 그대로 냉장고에 넣는다.

○7 아몬드크림을 만든다. 부드러운 버터를 볼에 넣고 푼 후, 슈가파우더를 넣고 섞는다.

○8 달걀을 풀어 조금씩 넣으며 고루 섞는다.

○9 아몬드가루를 체에 내려 반죽에 모두 넣고 가루가 보이지 않도록 섞는다.

10 냉장고에 넣어둔 타르틀레트 틀을 꺼내어 아
몬드크림을 나눠 채우고 170℃로 미리 예열
된 오븐에 넣어 25~30분 정도 굽는다.

11 타지 않도록 잘 구운 타르틀레트를 꺼내어
한김 식히고 틀에서 분리해 완전히 식힌다.

12 **몽블랑크림을 만든다.** 믹싱볼에 마론페이스
트를 넣고 푼 뒤 바닐라페이스트와 다크
럼주를 넣고 고루 섞는다.

13 부드러운 버터도 넣고 고루 섞는다.

14 생크림을 다른 볼에 넣어 약간만 휘핑한 뒤 마
론크림에 두 번 정도 나눠 넣어 고루 섞는다.

15 덩어리가 없이 매끄럽게 고루 섞인 마론크림
이 되도록 만든다.

16 몽블랑크림 안쪽에 짜줄 크림을 휘핑한다. 볼에 마스카포네치즈와 설탕, 바닐라빈을 넣고 고루 섞는다. 차가운 생크림을 1/3 정도만 넣고 치즈와 잘 섞는다.

17 남은 차가운 생크림을 모두 넣고, 볼 아래에는 얼음물을 받친 뒤 차가운 상태를 유지하면서 약간 뻑뻑한 상태가 되도록 휘핑한다.

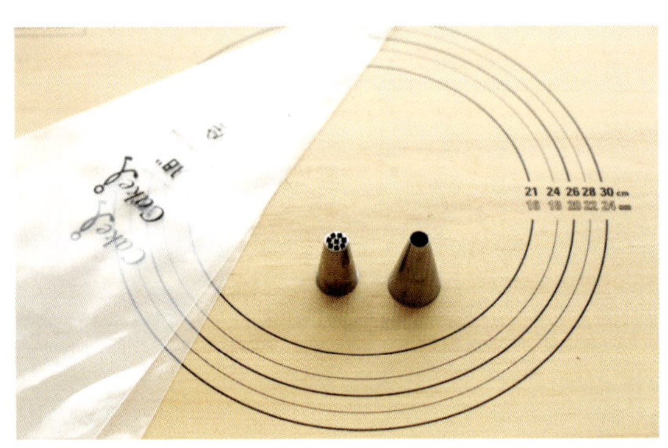

18 몽블랑 깍지와 원형깍지를 준비해 각각 비닐 짤주머니에 끼워 준비하고, 몽블랑 깍지를 끼운 짤주머니에는 몽블랑크림을 넣고, 원형 깍지를 끼운 짤주머니에는 휘핑한 크림을 넣어 준비한다.

19 아몬드크림 타르틀레트 위에 휘핑크림을 약간만 짜고, 맛밤을 한 개씩 올린 뒤 다시 그 위에 휘핑크림을 뱅글뱅글 돌려 짜서 덮는다. 스페튤라로 산모양이 되도록 다듬어 만든다.

20 휘핑크림 위에 몽블랑 크림을 뱅글뱅글 돌리며 덮는다.

21 데코스노우를 체로 솔솔 뿌린 뒤 맨 윗부분에 맛밤 한 개를 올려 장식한다. 맛밤은 그냥 올려도 되지만 반짝거리도록 나파주(생략 가능)를 살짝 발라주면 더 좋다.

오리지널 몽블랑은 프랑스 밤으로 만든 마롱글라세를 올리곤 하지만 손쉽게 만들기 위해 맛밤을 올려 만들어 보았습니다. 맛밤이나 통조림 노란밤을 사용해서 크림 안쪽에 넣고 겉에 장식을 해도 좋아요. 물론 시간적 여유가 된다면 집에서 직접 밤을 구입해서 조려서 사용해도 된답니다.

삼청동 디저트

북촌한옥마을을 걷다보면 나오는 삼청동, 서울에서 고즈넉함을
느낄 수 있는 곳이다. 데이트 장소로 좋고,
한옥에서 즐기는 맛있는 음식이 좋은
이곳에서 서울의 운치를 즐겨보자.

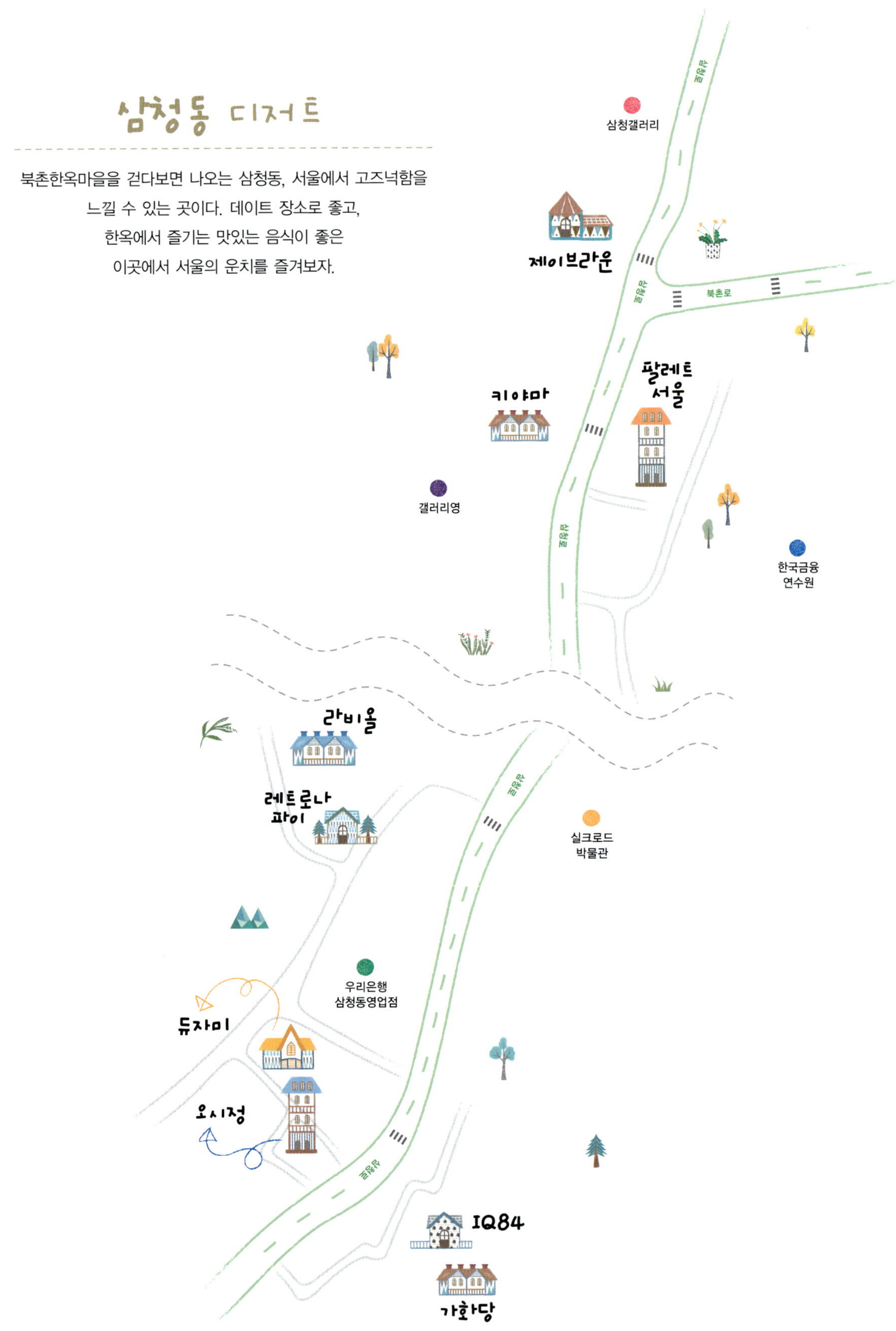

Part.5

삼청동

바나나 초코무스 타르트
토마토 파운드케이크
에그타르트
3가지 양갱
미니 말차(녹차) 쉬폰케이크
말차빙수
3가지 아망드 쇼콜라
단호박 비스코티
추로스
인절미 토스트
생초콜릿(파베 초콜릿)
찹쌀케이크

바나나 초코무스 타르트

무스나 크림에 들어가는 바닐라빈은 생략이 가능합니다. 하지만 있는 경우에는 넣어주면 풍미가 더 좋아져요.
무스 타르트는 만들고 나서 자르는 것도 중요합니다.
자를 때에는 식칼이나 빵칼을 따뜻하게 뜨거운 물에 담갔다가 빼서 물기를 제거하고 자르면 깔끔하게 잘립니다.

재료 준비하기

분량 : 지름 21cm 타르트틀 1개
재료 : 바나나 3개, 장식용 초콜릿 조각 약간
　타르트지 : 버터 80g, 슈가파우더 40g, 소금 약간, 달걀 28g, 박력분 130g, 아몬드가루 20g, 바닐라파우더 약간, 달걀물 약간(반죽에 넣고 남은 달걀 사용), 덧가루용 박력분 약간
　가나슈 : 다크초콜릿 35g, 생크림 35g
　초코무스 : 생크림 100g, 설탕 15g, 노른자 30g, 바닐라빈 약간, 판젤라틴 2g, 다크초콜릿 100g, 밀크초콜릿 50g, 생크림(휘핑용) 200g
　휘핑용 크림 : 생크림 200g, 마스카포네치즈 30g, 설탕 17g, 바닐라빈 약간
도구 : 믹싱볼, 스크래퍼, 밀대, 비닐팩, 포크, 종이호일, 누름돌, 내열주걱, 거품기, 핸드믹서기, 체, 비닐 짤주머니, 원형 깍지, 칼과 도마, 스페튤라, 붓, 타르트틀

306

01 **타르트지를 만든다.** 박력분과 아몬드가루, 슈가파우더, 소금, 바닐라파우더를 한 번에 체에 내려 볼에 넣고, 차가운 버터도 잘라 넣어 스크래퍼로 버터를 잘게 잘게 자르면서 가루류와 섞는다.

02 어느 정도 버터 알갱이가 잘라지면 손으로 버터와 가루가 잘 섞이도록 으깨며 보슬보슬하게 살살 비벼 주면서 섞고, 풀어준 달걀을 넣는다.

03 스크래퍼를 사용해서 자르듯 섞으며 반죽을 뭉친다. 작업대로 반죽을 옮기고 앞쪽 방향으로 밀어 치대 섞는다. 세 번 정도 앞쪽 방향으로 밀어 치댄다.

○4 스크래퍼로 반죽을 모아 비닐에 넣고 평평하게 반죽을 누른 뒤 냉장고에 넣어 1시간 정도 휴지한다.

○5 휴지한 반죽을 꺼내어 작업대에 덧가루를 살짝 뿌리고, 반죽을 사방으로 돌려가며 밀대로 3mm 정도 두께로 타르트틀보다 크게 민다.

○6 반죽을 틀 위에 올리고, 틀 안쪽으로 반죽이 잘 밀착되도록 꼼꼼하게 손으로 밀착시킨다. 틀 밖으로 튀어나온 반죽은 밀대로 밀어 잘라내고, 포크로 공기구멍을 조금 폭폭 찍어준 뒤 반죽이 차갑고 단단해지도록 냉장고에 10~20분 정도 넣어둔다.

○7 차가워진 타르트틀 반죽을 꺼내어 종이호일을 틀보다 크게 잘라 부드럽게 비벼서 반죽 윗면에 잘 밀착시켜 깔고, 누름돌을 가득 채워 160℃로 미리 예열된 오븐에 넣어 30분 정도 굽는다.

08 구운 후 재빨리 오븐 문을 열어 누름돌을 종이호일째로 들어내고, 붓으로 달걀물을 타르트지 안쪽에 골고루 바른 뒤 다시 160℃ 오븐에 넣고 5~10분 정도 노릇해지도록 굽는다. 노릇하게 구워준 타르트를 꺼내어 틀째로 식힌 후 틀에서 분리한다.

09 타르트지에 바를 가나슈를 만든다. 다크초콜릿을 중탕으로 녹인 뒤 살짝 데운 생크림을 넣어 섞는다. 식힌 타르트지 안쪽에 가나슈를 평평하게 펴 바르고 차가워지도록 냉장고에 넣는다.

10 초코무스를 만든다. 다크초콜릿과 밀크초코릿은 한 번에 계량해 중탕으로 녹여 준비하고, 판젤라틴은 차가운 얼음물에 담가 충분히 미리 불린다. 냄비에 생크림 100g과 바닐라빈을 약간 넣어 살짝 데우고, 믹싱볼에는 달걀노른자와 설탕을 넣어 섞은 뒤 데운 생크림을 넣어 섞는다.

11 노른자 반죽을 냄비에 넣고 약불이나 중불에 올려서 천천히 온도를 올린다. 계속 주걱으로 저어 섞으며 온도를 올리면 냄비바닥을 긁었을 때 자국이 생겼다가 없어지는 정도의 약간 걸쭉해지는 느낌이 나는 커스터드 소스가 된다.

12 주걱으로 반죽을 떠서 손가락으로 긁으면 자국이 그대로 유지되는 정도의 걸쭉해지는 온도인 84℃ 정도로 올린다. 불린 판젤라틴을 건져 물기를 눌러 짜 넣고 섞는다.

13 녹여둔 초콜릿에 커스터드 소스를 체에 걸러 넣어 주걱으로 고루 섞는다. 반죽의 온도가 약간 떨어지도록 실온에서 식힌다.

14 생크림 200g을 볼에 넣고 볼 아래에는 얼음물을 받쳐 풍성하게 휘핑한다. 거품기가 돌아가는 자국이 나기 시작할 때까지 휘핑한다.

15 따뜻함이 없도록 식힌 초콜릿 반죽에 휘핑한 생크림을 세 번 정도 나눠 넣으며 주걱으로 고루 섞는다. 분리되지 않고 덩어리 없이 잘 섞으면 초코무스 완성이다.

16 무스 안에 들어가는 바나나는 타르트지 바닥을 채울 정도로 적당히 자른다.

17 가나슈를 바른 타르트를 냉장고에서 꺼내 스페튤라로 초코무스를 얇게 바른다. 그 위에 바나나를 가득 채운다.

18 초코무스를 타르트에 둥근 돔형으로 가득 채
운다. 그대로 냉동실에 넣어 차갑게 굳힌다.

19 타르트 윗면에 짜줄 크림을 만든다. 볼에 마
스카포네치즈를 넣고 풀어준 뒤 설탕을 넣어
섞는다. 생크림을 약간만 넣어 치즈와 잘 섞
고, 생크림과 바닐라빈을 모두 넣는다. 얼음
물을 볼 아래 받치고 차가운 상태를 유지하
면서 약간 뻑뻑한 느낌이 나도록 휘핑한다.

20 원형깍지를 끼워둔 비닐 짤주머니에 휘핑한 치즈크림을 넣고, 차갑게 굳힌 타르트 무스 윗면에 둥근 모
양으로 돌리면서 짠다. 아래부터 둥글게 짜서 채워준 뒤 위쪽으로 올라오면서 채워 짠다. 그대로 다시
냉동실이나 냉장고에 넣어 차갑게 보관한다.

21 윗면에 뿌릴 초콜릿을 칼로 잘게 다지고 차갑게 보관했던 초코무스 타르트의 윗면에 적당히 뿌리면 완
성이다.

토마토 파운드케이크

오븐으로 낮은 온도에서 장시간 토마토 같은 과일 재료를 말리면 반건조 상태로 만들 수 있어요.
대신 반건조 과일은 실온에 오래 보관하기는 어려워 냉장고에 보관하거나 빨리 소진하는 편이 좋습니다.

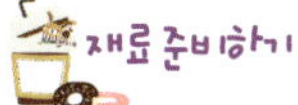
재료 준비하기

분 량 : 길이 18cm 파운드틀 1개
재 료 : 말린 토마토 70g, 식용유나 버터 약간
　　　토마토잼 : 토마토 500g, 레몬즙 20g, 설탕 200g
　　　케이크 : 버터 100g, 비정제 황설탕 80g, 소금 약간, 달걀 2개, 박력분 120g, 아몬드가루 20g, 베이킹파우더 2g,
　　　　　　　토마토잼 70g
도 구 : 냄비, 내열주걱, 잼병, 오븐팬, 믹싱볼, 핸드믹서기(거품기), 종이호일(유산지), 파운드틀

313

○1 토마토잼을 미리 만들어둔다. 토마토는 윗부분에 십자로 살짝 칼집을 내 끓는 물에 담가 한 번만 굴리고, 바로 찬물에 담갔다가 껍질을 벗긴다.

○2 토마토를 작게 잘라 냄비에 넣는다. 자를 때 토마토 씨를 제거하면 깔끔한 식감으로 만들 수 있다. 넣어도 상관없으니 취향에 맞게 선택하여 만든다.

○3 레몬즙과 설탕을 넣고 섞은 뒤 중불에 올리고, 끓기 시작하면 계속 저으며 25분 정도 더 끓인다. 센불에서 끓이면 잼이 타기 쉬우니 불을 낮춰서 뭉근하게 끓인다.

○4 수분이 절반 정도 줄어 걸쭉해지도록 끓인 잼은 그대로 사용해도 되고, 블렌더에 갈아 사용해도 된다.

05 잼으로 먹기 위해 만들었기 때문에 파운드에
   사용할 만큼만 계량해 따로 식혀두고, 열탕
   으로 소독한 유리병에 담는다(120ml 2병 분
   량).

06 케이크에 넣을 방울토마토를 오븐에 말린다. 세척하고 절반으로 잘라 오븐팬 위에 올린다. 100℃로 맞
   춘 오븐에 2시간 정도 넣어 수분을 날리듯 반건조로 말린다.

07 케이크 반죽을 만든다. 부드러운 버터에 비
   정제 황설탕과 소금을 넣고 고루 섞는다.

○8 풀어준 달걀을 조금씩 넣고 분리되지 않도록 고루 섞는다. 박력분과 베이킹파우더, 아몬드가루를 한 번에 체에 내려 섞는다.

○9 식힌 토마토잼을 넣어 섞고, 반건조 토마토를 넣어 섞는다.

10 유산지나 종이호일을 깐 틀에 반죽을 채우고, 평평하게 되도록 반죽틀을 탕탕 내려친 후 주걱에 식용유나 버터를 살짝 발라 중심선을 그어준다. 180℃로 미리 예열한 오븐에 넣고 온도를 10도 내려서 170℃에서 30~35분 정도 굽는다.

에그타르트

필링은 묽은 필링으로 크림층을 얇게 만들어 구워도 되지만,
커스터드 크림을 만들어 채워 좀 더 도톰하게 구워도 맛있어요.
취향껏 만들어보세요.

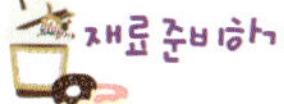
재료 준비하기

분 량 : 지름 7cm 타르틀레트 틀 10~12개

재 료

타르트지 : 버터 80g, 슈가파우더 15g, 물 10g, 소금 3g, 달걀 32g, 박력분 150g, 바닐라파우더 약간(생략 가능),
덧가루용 박력분 약간

필링 : 우유 200g, 생크림 133g, 바닐라빈 1/2개, 설탕 65g, 노른자 4개

도 구 : 믹싱볼, 거품기, 체, 냄비, 내열주걱, 스크래퍼, 타르틀레트틀, 포크, 밀대, 비닐팩이나 랩,
누름돌(쌀이나 콩도 가능), 머핀유산지, 오븐팬, 원형쿠키틀

○1 **타르트지를 만든다**. 박력분과 슈가파우더, 소금, 바닐라파우더를 한 번에 체에 내려 볼에 넣고, 차가운 버터도 잘라 넣어 스크래퍼로 잘게 잘게 자르며 가루류와 잘 섞는다. 어느 정도 버터 알갱이가 잘라지면 손으로 버터와 가루가 잘 섞이도록 으깨면서 보슬보슬해지도록 살살 비벼주면서 섞는다.

○2 계란을 풀어 넣고, 물도 넣는다. 차가운 상태의 계란이면 더 좋다. 스크래퍼로 자르듯이 섞어주면서 반죽을 뭉친다.

○3 뭉친 반죽을 비닐이나 랩으로 감싸서 냉장고에 1시간 정도 넣어 휴지한다.

○4 휴지한 반죽을 절반으로 잘라 겹친다.

05 작업대에 덧가루를 살짝 뿌리고 반죽을 밀대로 민다.

06 2mm 두께가 되도록 반죽을 사방으로 돌려가면서 평평하게 잘 밀어주고, 지름 10cm 원형틀로 반죽을 찍는다.

07 반죽을 틀 안쪽까지 꼼꼼하게 눌러 밀착시키고, 포크로 공기구멍을 콕콕 몇 번씩 찍는다. 반죽이 차가워지도록 냉장고에 잠시 넣어둔다.

08 차가워진 반죽들을 꺼내 머핀유산지를 깔고 누름돌을 채워서 미리 180℃로 예열한 오븐에 넣어 20분 정도 굽는다.

09 굽는 동안 필링을 만든다. 냄비에 우유와 생크림, 바닐라빈을 긁어 넣고 살짝 끓인다.

10 믹싱볼에 달걀노른자를 넣어 풀어준 뒤 설탕을 넣고 섞는다. 끓인 우유와 크림을 넣어 섞고, 체에 걸러서 필링을 준비해둔다.

11 구운 타르틀레트를 꺼내어 누름돌은 들어내고, 필링을 나눠 채운다. 윗면이 노릇노릇해지도록 180℃ 오븐에 넣어 15~20분 정도 구우면 완성이다.

3가지 양갱

밤 양갱을 만들 때 밤이 없다면,
건과일이나 호두 같은 재료들을 넣어 만드는 것도 가능합니다.
단호박이나 고구마를 사용하면 더 다양한 양갱을 만들 수 있어요.

분 량 : 16.5cm×16.5cm 무스틀 1개 또는 양갱틀 18cm×7cm 2개

재 료

백년초 양갱 : 물 300g, 한천가루 8g, 설탕 100g, 꿀(또는 물엿) 30g, 흰앙금 500g, 백년초가루 5g

말차 양갱 : 물 300g, 한천가루 8g, 설탕 100g, 꿀(또는 물엿) 30g, 흰앙금 500g, 말차가루 5g

밤 양갱 : 물 300g, 한천가루 8g, 설탕 100g, 꿀(또는 물엿) 30g, 고운 팥앙금 500g, 통조림 밤 약 100~120g

도 구 : 냄비, 내열주걱, 무스틀 또는 양갱틀

01 백년초 양갱을 만든다. 물과 한천가루를 냄비에 담아 그대로 15분 이상 충분히 불린 뒤 중불에 올려 저어가며 한천가루가 녹도록 3~4분 정도 바르르 끓인다.

02 한천가루와 물이 잘 섞이면 설탕과 꿀(또는 물엿)을 넣고 계속 저어가며 10~15분 정도 충분히 끓인다.

03 냄비에 흰앙금과 백년초가루를 넣어 주걱으로 저어가며 뭉근하고 되직해지도록 15분 정도 끓인다. 색이 잘 나오면서 뭉근해지면 된다.

04 원하는 모양틀이나 사각틀에 끓인 양갱 반죽을 채워 완전히 식힌 후 냉장고에 넣어 2시간 정도 넣어 단단하게 굳혀 양갱모양으로 자른다.

05 말차가루 양갱 만들기는 모든 과정은 똑같고 백년초가루 대신 말차가루를 넣어 섞어 끓이면 된다. 마찬가지로 2시간 정도 차갑게 굳힌 말차 양갱도 틀에서 분리해 먹기 좋은 크기로 자른다.

06 밤양갱은 한천을 불려 끓이는 모든 과정이 똑같다. 흰앙금 대신 고운 팥앙금을 넣어 끓인다.

07 뭉근하게 끓인 양갱 반죽을 무스틀에 채운 뒤 통조림밤을 반죽 속에 넣고 냉장고에 넣어 굳힌다.

○8 2시간 정도 차갑게 굳힌 양갱을 꺼내 밤이 보이도록 사각모양으로 잘라 포장하면 완성이다.

예쁜 포장법

사각으로 자른 양갱을 하나씩 비닐포장해 명절 느낌이 나는 상자에 넣거나 스티커를 붙이면 시판 양갱처럼 멋진 선물세트로 만들 수 있어요.

미니틀이 없으면 지름 17~18cm 쉬폰틀에 굽는 것도 가능합니다.
반죽을 넣고 구울 때는 굽는 시간을 10~15분 정도 늘려 구우세요.

재료 준비하기

분 량 : 8.5cm×3cm 크기 미니 링베이킹컵 6개

재 료 : 달걀노른자 3개, 설탕 30g, 소금 약간, 포도씨유 45g, 우유 50g, 말차가루(또는 녹차가루) 10g, 박력분 50g, 강력분
10g, 베이킹파우더 1~2g, 달걀흰자 130g(4개정도), 머랭용 설탕 40g

그 외 : 생크림 100g, 휘핑용 설탕 10g(생략 가능), 팥배기 약간

도 구 : 믹싱볼, 핸드믹서기, 거품기, 주걱, 체, 일회용 링베이킹컵

○1 달걀노른자를 풀어준 뒤 설탕과 소금을 넣어 뽀얗고 걸쭉하게 섞고, 포도씨유와 우유를 조금씩 넣어가며 섞는다.

○2 박력분과 강력분, 베이킹파우더, 말차가루를 한 번에 계량해서 두 번 정도 체에 내려 넣고 거품기로 알갱이가 생기지 않도록 고루 섞는다.

○3 머랭을 만든다. 다른 볼에 담아둔 달걀흰자를 거품기로 거품을 약간만 올리고, 설탕을 세 번에 나눠 넣어가며 섞는다. 핸드믹서기로 거품을 올리면서 설탕을 섞어 뿔이 뾰족하게 서는 단단한 머랭을 만든다.

326

04 반죽에 머랭의 1/3 정도를 넣어 거품기로 섞고, 나머지 머랭도 두 번에 나눠 넣어 섞는다.

05 링베이킹컵에 반죽을 나눠 채우고 젓가락 같은 긴 도구로 두 번 정도 휘휘 저어 잔공기를 없앤다. 160~170℃로 예열된 오븐에 넣어 20분 정도 굽는다.

06 오븐에서 꺼내 식힐 땐 거꾸로 세워 식혀야 꺼지지 않는다.

07 곁들일 생크림을 만든다. 볼 아래에 얼음물을 받쳐 차가움을 유지하면서 생크림과 설탕을 넣고 거품기가 돌아가는 자국이 날 정도로 휘핑한다.

○8 먹을 때 베이킹컵을 벗겨내고 케이크 중심에 크림을 채우고, 팥배기를 올리면 완성이다.

쉬폰케이크는 먹기 좋은 크기로 잘라 쿠키봉투에 넣어 포장하면 먹기도 편하고, 선물하기도 간편하답니다.

말차 빙수

사용하는 청포도는 껍질째 먹을 수 있는 청포도로 사용해주세요.
껍질 채 먹는 다른 포도를 올려 장식해도 됩니다.
만들고 나서 바로 먹는 것보다는 냉장고에 30분 이상 넣어 차갑게 보관해두었다가 먹는 것이 좋아요.

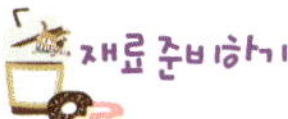

분 량 : 1~2인분

재 료

말차얼음 : 우유 200g, 물(생수) 200g, 설탕 20g, 말차가루 3~4g

팥조림 : 팥 200g, 설탕 100g, 소금 약간, 팥 삶을 물 적당히

장식용 : 인절미나 찹쌀떡 적당히

도 구 : 냄비, 내열주걱, 얼음틀, 푸드프로세서(분쇄기) 또는 빙수기

O1 **말차얼음을 만든다.** 우유와 말차가루만을 섞어서 만들어도 되지만, 조금 더 가볍게 먹기 위해 물도 함께 섞어 얼린다. 물과 설탕을 섞어 설탕이 녹을 정도로만 살짝 끓여서 말차가루를 넣고 잘 풀어서 섞는다.

O2 한김 식고 나면 우유도 넣고 섞는다.

O3 적당한 얼음틀에 채워 하룻밤 단단하게 얼린다. 실리콘 얼음틀에 얼리면 분리할 때 쉽게 분리할 수 있어 편하다.

O4 **팥조림을 만든다.** 씻은 팥을 냄비에 2배의 물과 함께 넣고 바르르 끓여 첫물은 버리고, 3~4배의 물을 채워 설탕과 소금을 넣고 눌지 않도록 저어주면서 자작하고 팥이 으깨질 정도까지 푹 조려 익힌다. 팥조림 역시 만들고 식혀서 냉장고보관 했다가 사용한다.

05 하룻밤 정도 얼린 얼음을 꺼내어 빙수기나 분쇄기에 넣고 곱게 간다.

06 말차얼음을 그릇에 담고 냉장고에 넣어둔 팥조림을 약간 담고, 그 위에 말차얼음을 가득 담고 팥조림을 올린다. 떡을 올려 장식하면 완성이다.

다양한 빙수 만들기

우유와 물을 1:1로 섞어 얼린 뒤 팥조림을 곁들여 먹으면 우유빙수가 됩니다. 또한 우유빙수 얼음을 갈고 견과류와 미리 만들어둔 캐러멜크림과 캐러멜아이스크림을 곁들이면 카페에서 먹을 수 있는 캐러멜빙수로 만들 수 있어요.

3가지 아망드쇼콜라

플라스틱 디저트컵으로 딱 1컵씩 나오는 분량이랍니다.
별다른 박스포장이 필요 없이 한 컵씩 담아 비닐 포장해 리본으로 묶으면 근사한 선물용 초콜릿이 됩니다.

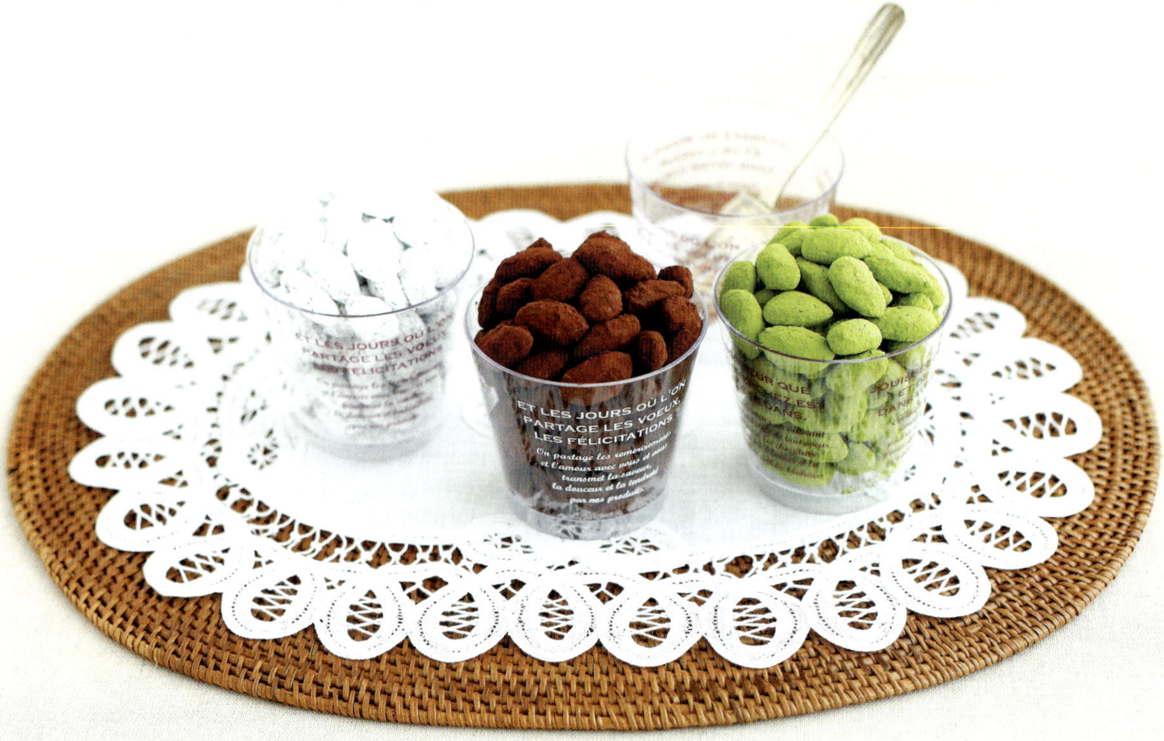

분 량 : 디저트컵 3개

재 료 : 통아몬드 250g, 설탕 80g, 물 30g, 버터 10g, 다크초콜릿 100g, 무가당 코코아가루 20g, 슈가파우더 20g, 녹차가루 20g

도 구 : 냄비, 내열주걱, 믹싱볼, 바트, 체

01 통아몬드를 160~170℃ 오븐에 5분 정도만 살짝 구워 준비하고, 냄비에 설탕과 물을 넣어 바글바글 끓인 뒤 구운 아몬드를 넣는다.

02 약불로 불을 줄이고 아몬드를 계속 저으면서 겉이 하얗게 결정화가 되도록 섞는다. 계속 섞으면 결정화 되었던 설탕이 녹아 캐러멜화된다. 시간이 걸리더라도 약불에서 천천히 저어 연한 갈색으로 캐러멜화 시킨 후 불을 끄고 버터를 넣어 섞는다.

03 아몬드를 바트나 넓은 믹싱볼로 옮겨 서로 붙지 않게 떨어뜨려 식힌다.

04 아몬드를 식히는 동안 다크초콜릿을 중탕으로 녹인다.

05 아몬드에 녹인 초콜릿을 아주 조금 흘려 넣고 주걱으로 섞는다. 초콜릿이 굳으면 다시 조금씩 흘려 넣어 섞으면서 초콜릿을 굳힌다.

06 초콜릿이 다 굳었을 때 아몬드의 1/3을 무가당 코코아가루에 넣고 잘 굴려 입힌다. 체에 넣고 살살 코코아가루를 턴다.

07 아몬드 1/3을 슈가파우더에 넣고 고루 굴린 후 체에 걸러 여분의 가루를 턴다.

08 녹차가루에 남은 아몬드를 넣고 잘 굴린 후 체에 걸러 여분의 가루를 털어내면 3가지 아망드쇼콜라 완성이다.

비스코티는 바삭바삭하게 만드는 쿠키이기 때문에 오븐에 두 번 굽는 과정을 거쳐야 합니다.
뜨거울 때 바로 자르면 부서지기 쉬우니 꼭 어느 정도 식힌 후에 자르세요.

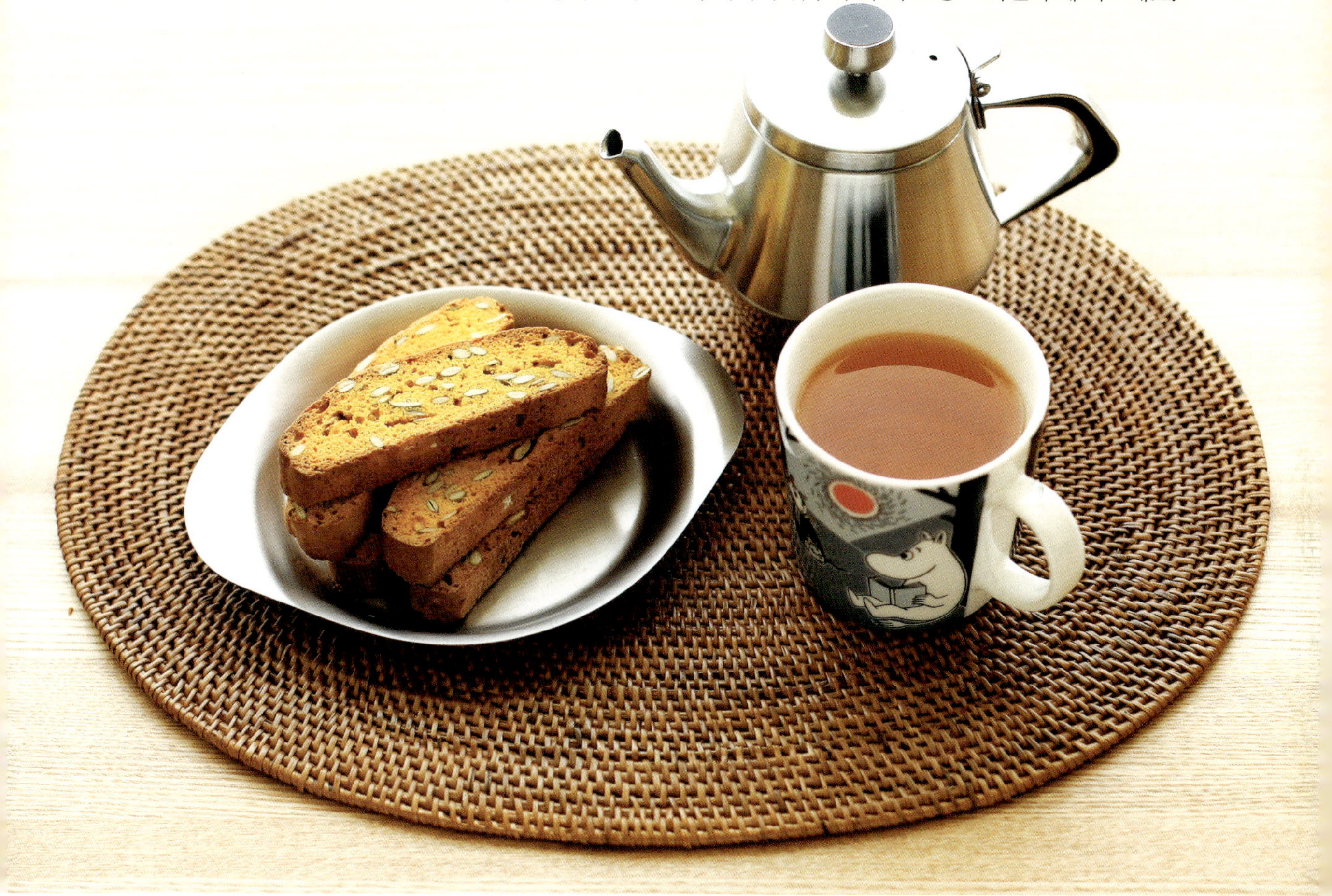

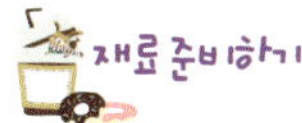

재료 준비하기

분 량 : 약 20개

재 료 : 박력분 200g, 아몬드가루 20g, 비정제 황설탕 85g, 베이킹파우더 3g, 달걀 1개, 소금 약간, 포도씨유(다른 오일로 대체 가능) 20g, 익힌 단호박 100g, 호박씨 80g, 덧가루용 박력분이나 강력분 약간

도 구 : 믹싱볼, 거품기, 주걱, 오븐팬, 빵칼, 식힘망, 체

○1 단호박은 찌거나 전자레인지로 푹 익혀서 완전히 식힌 후 껍질을 제거하고 계량해 사용한다. 볼에 달걀을 넣어 풀어주고, 비정제 황설탕과 소금을 넣어 섞는다.

○2 어느 정도 설탕이 잘 녹아 섞이면 포도씨유를 넣어 고루 섞는다.

○3 단호박을 넣어 섞는다.

○4 박력분과 아몬드가루, 베이킹파우더를 한 번에 체에 내려 넣어 주걱으로 섞는다.

○5 가루가 보이지 않게 어느 정도 섞이면 호박씨를 넣고 섞으면서 반죽을 뭉친다.

06 반죽을 오븐팬 위에 올리고, 대략 27cm×10cm×1.5cm 크기로 납작하고 평평하게 편다. 반죽이 질척이면 덧가루를 사용하면서 모양을 만든다.

07 170℃로 미리 예열된 오븐에 넣어 35분 정도 굽는다.

08 구운 것을 꺼내 식힘망에서 한김 식히고, 빵칼로 1~1.5cm 두께로 자른다.

09 팬 위에 올려 160℃로 미리 예열된 오븐에 넣어 15분 정도 구우면 완성이다.

추로스

달군 기름에 반죽을 길게 짜 넣어 바로 튀기는 방법이 제일 좋습니다.
하지만 바로 튀기지 않을 때엔 들어올리기 편하도록 살짝 굳혀서 튀겨주세요.

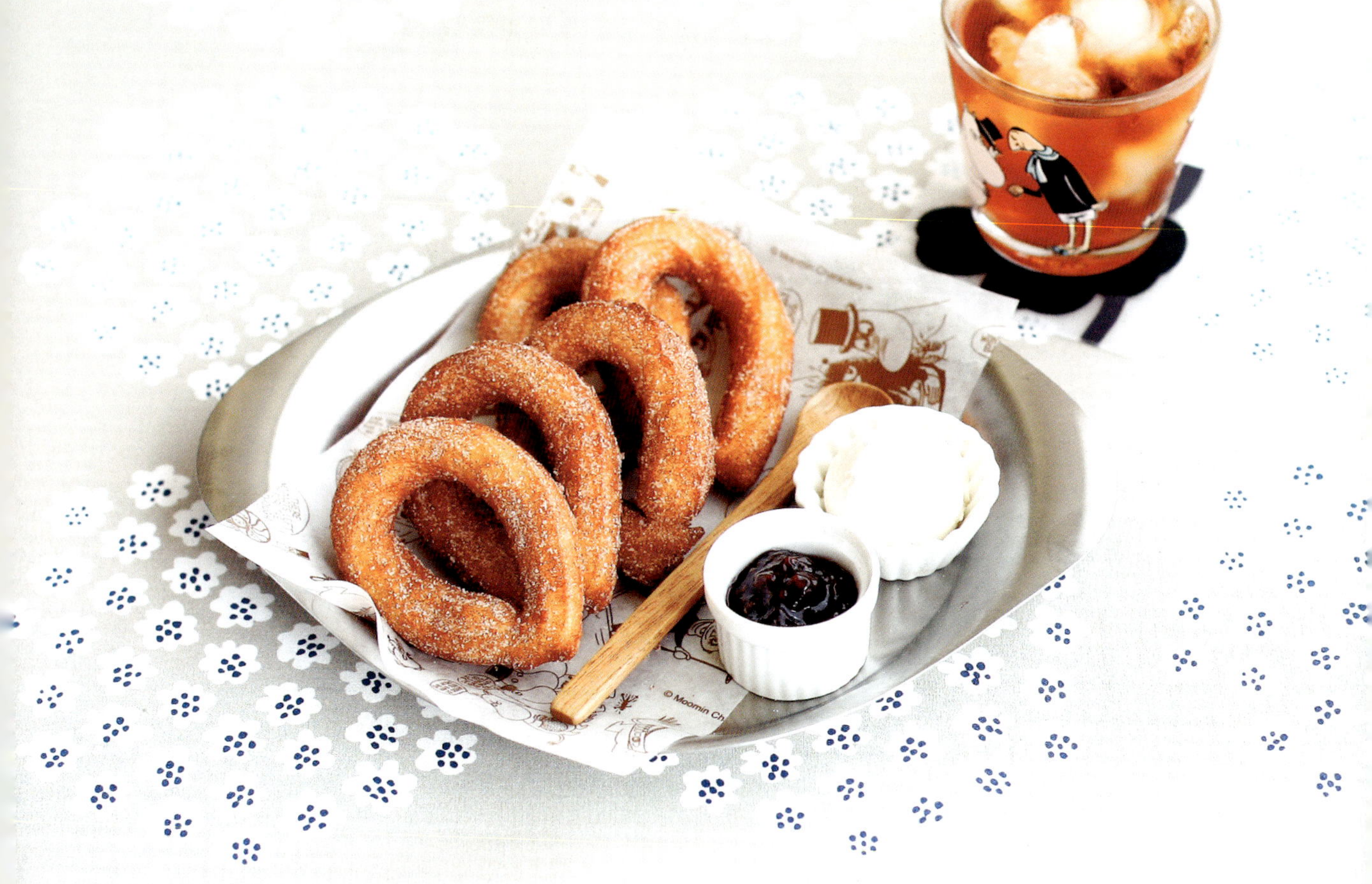

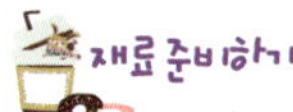

분량 : 지름 5cm 10개

재료 : 우유 80g, 물 80g, 버터 25g, 소금 1g, 설탕 15g, 박력분 50g, 강력분 50g, 바닐라빈 약간, 달걀 65g, 묻히는 설탕 40g, 시나몬파우더 1g, 튀김용 기름 적당히

도구 : 냄비, 내열주걱, 믹싱볼, 별깍지, 비닐 짤주머니, 종이호일, 바트나 팬

O1 우유와 물, 버터, 소금, 설탕, 바닐라빈을 냄비에 넣고 바르르 끓인다.

O2 끓어오르면 바로 체에 내린 박력분과 강력분을 넣고 중불에서 볶는다.

O3 주걱으로 계속 섞어주면서 밀가루가 익도록 볶는다. 바닥에 밀가루가 살짝 눌러 붙어 하얀 막이 생기고, 반죽이 달달 굴러다닐 정도가 될 때까지 볶고 불에서 내린다.

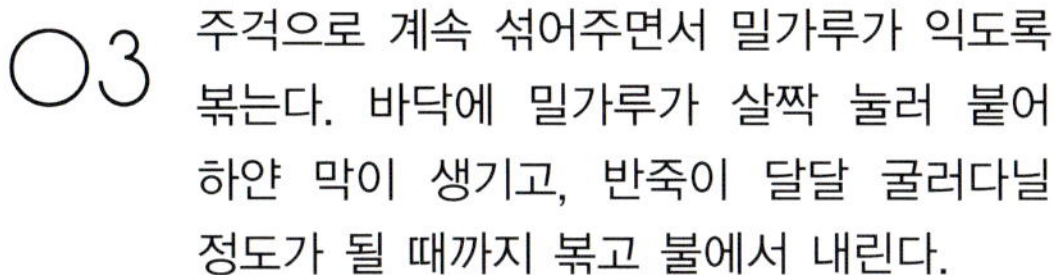

O4 볶은 반죽을 볼에 옮겨 바로 풀어준 달걀을 세 번 정도 나눠 넣어가며 주걱으로 고루 섞는다. 달걀과 반죽이 분리되지 않도록 고루 섞으면 매끈한 반죽이 된다.

O5 반죽을 별깍지를 끼운 짤주머니에 넣는다. 별깍지가 없으면 원형깍지를 끼워 사용해도 괜찮다. 긴 모양으로 짤 수 있는 깍지면 어떤 깍지라도 사용이 가능하다.

O6 종이호일을 깔고 반죽을 풍선모양으로 둥글게 짜고, 들어올리기 쉽도록 냉장고나 냉동고에 넣어 살짝 굳힌다.

O7 기름을 중불에서 170~180℃ 정도가 되도록 달구고, 반죽을 넣어 노릇하게 튀긴다.

O8 튀긴 추로스가 뜨거울 때 설탕과 시나몬파우더를 섞은 것에 바로 넣고 살살 굴리면 완성이다. 먹을 때, 카페처럼 잼이나 크림치즈를 함께 곁들이면 좋다.

인절미 토스트

프라이팬에 굽는 방법 대신 식빵에 버터를 발라 토스터에 구운 뒤 식빵 사이에 인절미를 넣고 전자레인지에 살짝 돌려 떡을 녹인 뒤에 콩가루와 꿀을 뿌려주는 방법으로 만들어도 됩니다.

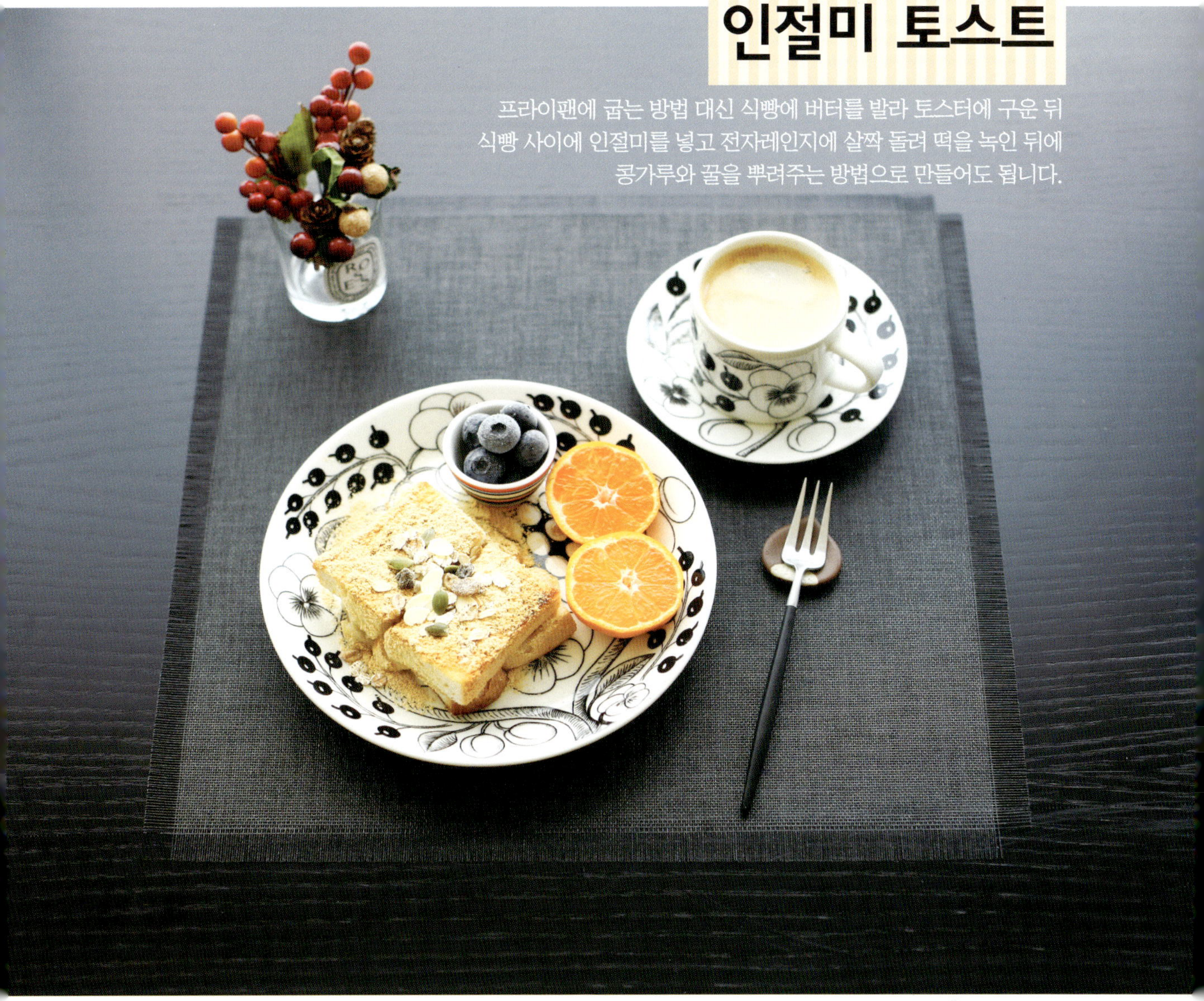

재료 준비하기

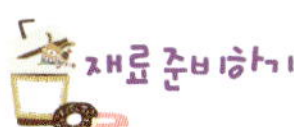

분량 : 1인분

재료 : 식빵 2장, 인절미 80~100g, 버터 20~30g, 꿀 적당히, 볶은 콩가루 적당히, 슬라이스 아몬드 약간

도구 : 프라이팬, 칼, 체

01 식빵 사이에 들어가는 인절미는 적당히 얇게 자른다.

02 달군 프라이팬에 버터를 넣어 녹이고, 식빵의 앞뒷면에 버터가 고루 스며들도록 약불이나 중불에서 굽는다.

03 식빵의 앞뒷면이 노릇해지면 인절미를 빵 위에 올린다.

○4 인절미를 샌드한 식빵의 아래 윗면을 고루 따뜻하게 굽는다. 인절미가 치즈처럼 늘어날 정도면 되는데,
시간이 걸릴 경우 구운 빵 사이에 인절미를 샌드하고 살짝 구운 후 전자레인지에 30초나 1분 정도만
돌리면 더 따끈따끈한 인절미 토스트를 먹을 수 있다.

○5 인절미 토스트 윗면에 볶은 콩가루를 체로 솔솔 고루 뿌린 뒤 꿀도 적당히 뿌린다. 슬라이스아몬드를
조금 곁들이면 카페에서 먹는 인절미 토스트처럼 먹을 수 있다.

생초콜릿
(파베 초콜릿)

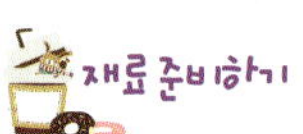 재료 준비하기

분 량 ：생초콜렛틀 또는 무스틀 15cm×15cm 크기 1개와 12cm×12cm 크기 1개

재 료 ：다크초콜릿 커버처 270g, 밀크초콜릿 커버처 130g, 생크림 190g, 꿀 30g, 버터 30g, 럼주 20g,
　　　　무가당 코코아가루 적당히

도 구 ：믹싱볼, 주걱, 거품기, 냄비, 생초코틀이나 무스틀, 바트, 칼

○1 초콜릿은 볼에 넣어 따뜻한 물에 중탕으로 담가 녹인다.

○2 생크림과 꿀을 냄비에 넣어 살짝 끓어오르기 직전까지만 데운 후, 녹인 초콜릿에 조금씩 넣어가면서 거품기로 천천히 섞는다.

○3 부드러운 버터를 넣고 거품기로 천천히 저어 섞는다. 버터는 실온에 미리 꺼내두어야 부드러워져 잘 섞인다.

○4 마지막으로 럼주를 넣어 섞고, 주걱으로 매끄러운 초콜릿이 되도록 천천히 저어준다.

○5 생초콜릿틀이나 무스틀로 만들 경우 아랫부분을 랩으로 받쳐 감싸준 뒤 초콜릿을 채운다. 이대로 냉장고에 3~4시간 정도 넣어 차갑게 굳힌다.

O6 차갑게 굳힌 초콜릿을 꺼내 틀 가장자리를 칼로 도려내 분리한다. 3cm×3cm 크기로 포장몰드에 맞게 잘라주고, 무가당 코코아가루에 살살 잘 굴리면 완성이다.

다크초콜릿만 사용할 경우 신맛이 약간 느껴질 수 있기 때문에 밀크초콜릿를 섞으면 더 맛있어요.
대신 밀크초콜릿으로만 사용하면 좀 더 달달해질 수 있어요.
생초콜릿을 선물할 때 미리 대량으로 틀에 채우는 과정까지 하고, 잘 밀봉해서 냉동고에 넣어두었다가
선물하기 전에 꺼내 포장해서 선물하면 간편하고 좋아요.
초콜릿은 냉장고나 냉동고에 보관할 때에는 냄새흡수가 쉽게 되기 때문에 꼭 밀봉해서 주세요.
냉동고에서 꺼낸 초콜릿이 너무 단단할 때에는 실온에 잠깐 두었다가 칼로 잘라주면 잘 잘려요.

찹쌀케이크

직접 빻는 찹쌀가루는 수분 함량이 시판 가루보다 많기 때문에 우유의 양을 약간 줄여 넣어요.
찹쌀케이크는 오래 보관하면 단단해지기 때문에 바로 먹는 것이 좋아요.

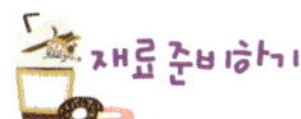
재료 준비하기

분 량 : 20cm×20cm 사각틀 1개

재 료 : 찹쌀가루 300g, 우유 260~270g, 달걀 1개, 베이킹파우더 1과 1/2ts, 베이킹소다 1/2ts, 소금 약간, 비정제 황설탕
30g, 꿀 20g, 건조 완두콩배기와 건조 팥배기와 건포도와 호두 등 약 150g, 아몬드슬라이스 약간

도 구 : 믹싱볼, 거품기, 주걱, 체, 종이호일이나 유산지, 사각틀, 빵칼

O1 볼에 찹쌀가루와 베이킹파우더, 베이킹소다, 비정제 황설탕, 소금을 한 번에 체에 내려 넣고, 달걀과 우유, 꿀을 넣어 섞는다.

O2 콩배기, 건포도, 호두 같은 재료들을 모두 넣고 섞는다.

O3 종이호일이나 유산지를 깔은 사각틀에 반죽을 채우고, 아몬드슬라이스를 뿌리고 170℃로 미리 예열된 오븐에 넣어 35~40분 정도 굽는다.

O4 찹쌀케이크를 먹기 좋은 크기로 자르면 완성이다.

디저트 로드

발 행 일 2022년 04월 05일
초판6쇄일 2022년 03월 10일
초판인쇄일 2015년 11월 25일

발 행 인 박영일
책임편집 이해욱

지 은 이 이지혜
편집진행 강현아
표지디자인 박수영
본문디자인 안시영

공 급 처 (주)시대고시기획
발 행 처 시대인
출판등록 제10-1521호
주   소 서울시 마포구 큰우물로 75[도화동 538번지 성지B/D] 6F
대표전화 1600-3600
팩   스 02-701-8823
홈페이지 www.sidaegosi.com

I S B N 979-11-254-1954-9[13590]

Do It Yourself

쉽고, 재미있고, 나에게 꼭 필요한 DIY 시리즈

THE 쉬운 DIY SERIES

3세에서 8세까지
내 아이를 위한 옷 만들기

엄마가 만드는
아이 옷장

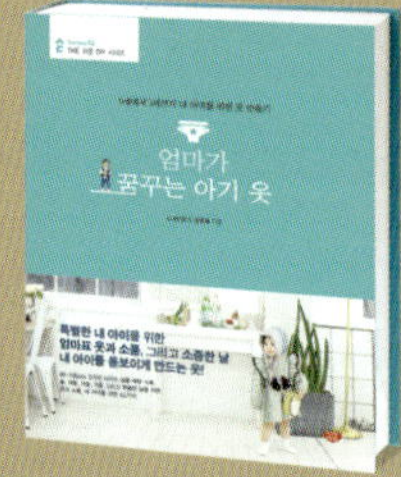

0세에서 3세까지
내 아이를 위한 옷 만들기

엄마가 꿈꾸는
아기 옷

집 앞 마트 재료로 만드는

라풀의
새댁요리

초등학교 필독서를 읽고
창의력을 키우는

스토리 아트북

요리하는 엄마와
전문 영양사가 함께 제안하는

내 아이를 위한
건강 유아식

친절한 홈베이킹의 모든것

꼼꼼한 홈베이킹

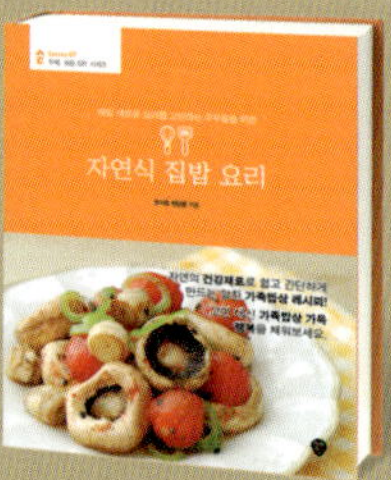

매일 새로운 요리를
고민하는 주부들을 위한

자연식
집밥 요리

서울 5대 거리의 디저트와
만드는 레시피까지

디저트 로드

컬러링
4 SEASONS

누구나 손쉽게 마이
팝아트

사월의
손그림일러스트

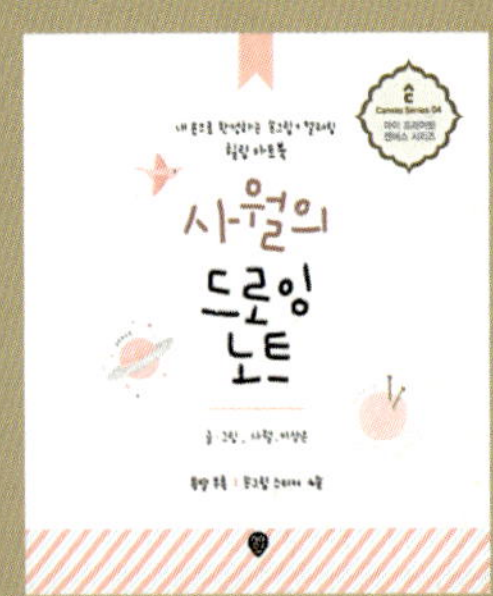

사·월의
드로잉 노트

레이스 키리에
비밀의 숲 속 동물원

윤꽃의
사계절
감성 수채화